Fouad Soliman
Karima Mahmoud

Inteligência artificial para o armazenamento de energias renováveis
Roteiro para 2030

Fouad Soliman
Karima Mahmoud

Inteligência artificial para o armazenamento de energias renováveis Roteiro para 2030

ScienciaScripts

Imprint

Cover image: www.ingimage.com

This book is a translation from the original published under ISBN 978-620-8-06547-8.

Publisher:
Sciencia Scripts
is a trademark of
Dodo Books Indian Ocean Ltd. and OmniScriptum S.R.L publishing group

120 High Road, East Finchley, London, N2 9ED, United Kingdom
Str. Armeneasca 28/1, office 1, Chisinau MD-2012, Republic of Moldova, Europe
Printed at: see last page
ISBN: 978-620-8-23200-9

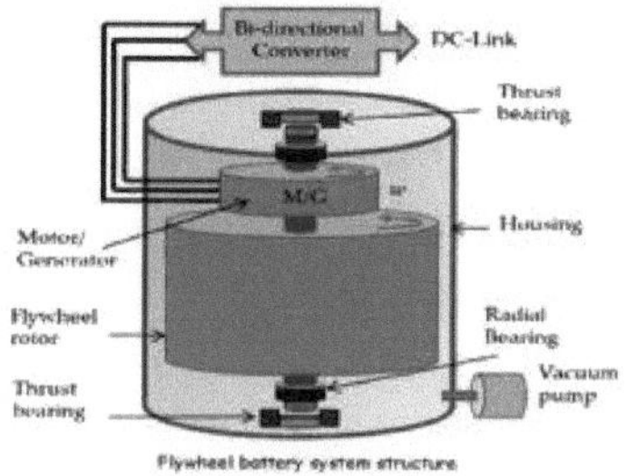

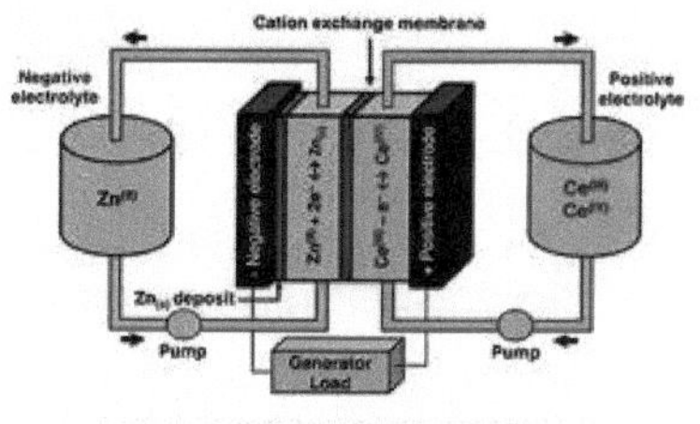

Inteligência artificial para o armazenamento de energias renováveis Roteiro para 2030

Por

Fouad A. S. Soliman Karima A. Mahmoud

Autoridade para os Materiais Nucleares, Investigador de Física.

Cairo, Egito.

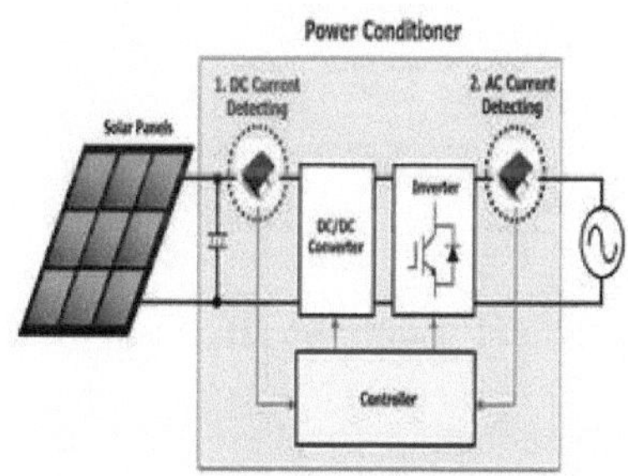

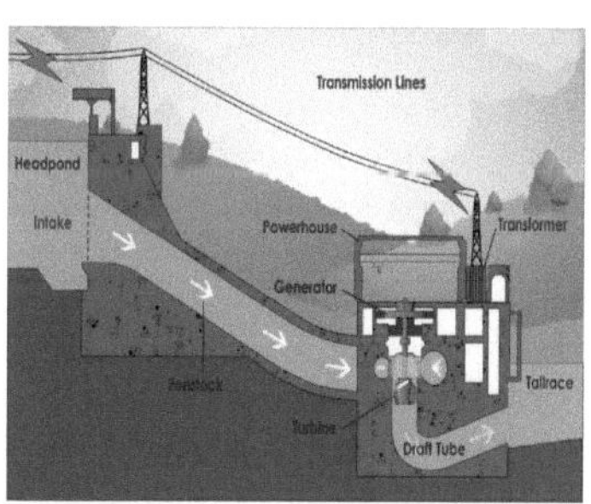

setembro de 2024

Sobre os autores

Dr. Eng. Fouad A. S. Soliman

Prof. de Engenharia Eletrónica e de Computadores,
Nuclear Materials Authority, Cairo, Egito.

Membro do Conselho Editorial de:

- **Progress in Photovoltaic, "Research and Applications", John Wiley and Sons, Reino Unido, desde 1993,**
- **Periódicos da Associação para o Avanço das Técnicas de Modelação e Simulação, AMSE, Lune, França,**
- **Jornal Internacional de Ciência da Computação e Aplicações de Engenharia (IJCSEA).**

Membro de:

- **Associação Americana para o Avanço das Ciências, N.Y., U.S.A,**
- **Academia de Ciências de Nova Iorque, Nova Iorque, E.U.A.**

Escolhido para:

- **Who's Who in the World, A.N. Marquis, N.J., U. S. A.**
- **Outstanding People of the 20thCentury, International Biographical Center de Cambridge, Inglaterra.**

Ensino nas universidades

- **Ensino dos estudantes de pós-graduação nas universidades egípcias.**

Publicações e supervisão de M.Sc. e Ph.D.
Artigos e teses supervisionadas
- **Cerca de 200**

Livros:

[1]. Fouad A. S. Soliman, **"A Novel Look on the world of Nanotechnology para hoje e para o futuro"**, Livro publicado, Lambert Academic Publishing, Omni- Scriptum GmbH and Co. KG, fevereiro de 2016, ISBN 978-3-659-83496-7.

[2]. F. A. S. Soliman, **"Energy and the Future of Civilizations"**, publicado em

Livro, Lambert Academic Publishing, Omni-Scriptum GmbH and Co.
KG, abril de 2016.
ISBN 978-3-659-88129-9.

[3]. F. A. S. Soliman, **"Characterization, Simulation, Applications, Deployment and Economics of Solar Energy"**, Lambert Academic
Publishing, LAP, Saarbrücken, Alemanha, maio de 2016.
ISBN 978-3-659-89387-2.

[4]. Fouad A. S. Soliman **e Hoda A. Ashry, "Role of the Nuclear A tecnologia na vida quotidiana do homem"**, Livro publicado, Lambert
Publicação académica, Omni-Scriptum, GmbH and Co. KG, maio de 2016.
ISBN 978-3-659-90461-5.

[5]. Fouad A. S. Soliman, **Safaa M. R. El-ghanam e Ashraf M. Abdel-Maksoud, "Impact of Outer Space Environment on Electronic Devices and Systems"**, Livro publicado, Lambert Academic Publishing,
Omni-Scriptum GmbH e Co. KG, julho de 2016.
ISBN: 978-3-659-93044-7

[6]. **H. A. Ashry,** Fouad A. S. Soliman **e S. A. Kamh, "Nuclear Techno-logia: Future Generation, Protection and Monitoring", publicado em
Livro, Lambert Academic Publishing, Omni-Scriptum GmbH e
Co. KG, agosto de 2016.**
ISBN: 978-3-659-93921-1

[7]. Fouad. A.S. Soliman, **"Agriculture in Remote Areas Based on Solar Energia", Livro Publicado,** Lambert Academic Publishing, Omni-Scriptum GmbH & Co. KG, setembro de 2016.
ISBN: 978-3-659-95267-8

[8]. Fouad A. S. Soliman, **" Solar-Wind Hybrid Renewable Energy for Agricultura Sustentável"**, Livro Publicado, Lambert Academic Publishing, Omni- Scriptum GmbH and Co. KG, outubro de 2016, Número:145917
ISBN: 978-3-659-96384-1

[9]. Fouad A. S. Soliman, **Linhas de Transmissão de Alta Tensão: Importância,**
Maintenance and Risks", Livro Publicado, Lambert Academic Publi-
shing, Omni- Scriptum GmbH e Co. KG, novembro de 2016, Número:147937,
ISBN: 978-3-330-00309-5.

[10]. **Hoda A. Ashry e** Fouad A. S. Soliman, **Nuclear Analytical Techni-**
ques e Ciências Modernas, Livro Publicado, Lambert Academic Publishing, Omni- Scriptum, GmbH and Co. KG, dezembro, 2016, No. :
149558,
ISBN: 978-3-330-01772-6.

[11]. Fouad A. S. Soliman, **Energia: História, Definições, Formas, Transformações.**
formação e aplicações, Livro Publicado, Lambert Academic Publishing, Omni- Scriptum, GmbH and Co. KG, janeiro de 2017.
ISBN: 978-3-330-02939-2.

[12]. Fouad A. S. Soliman, **All About Nuclear Materials, Livro Publicado,**
Lambert Academic Publishing, Omni- Scriptum GmbH e Co. KG, 2017. ID do projeto (150859)
ISBN:978-3-330-03643-7.

[13]. Fouad A. S. Soliman **e Hoda A. Ashry, Focus on the Treasures of**
A Terra, Livro Publicado, Lambert Academic Publishing, Omni-Scriptum GmbH and Co. KG, fevereiro de 2017.
ISBN: 978-3-659-85407-1.

[14]. Fouad A. S. Soliman, **Geothermal Energy Technology,** Publicado em
Livro, Lambert Academic Publishing, Omni-Scriptum GmbH and Co,
KG., maio de 2017.
ISBN: 978-3-330-31808-3.

[15]. Fouad A. S. Soliman, **Marine Power Technology and Future of**
Energia, Livro publicado, Lambert Academic Publishing, Omni-Scriptum
GmbH e Co. KG, junho de 2017.
ISBN: 978-3-330-32467-1.

[16]. Fouad A. S. Soliman **e Hoda A. Ashry, Atomic Batteries: the Easy**

Energia para o futuro", Livro publicado, Lambert Academic Publishing, Omni-Scriptum. GmbH and Co. KG, julho de 2017.
ISBN:978-3-330-35308-4.

[17]. Fouad A. S. Soliman e Hoda A. Ashry, Evolution of Synchrotron
A radiação e a sua importância", Livro publicado, Lambert Academic
Publishing, Omni-Scriptum GmbH and Co. KG, agosto de 2017.
ISBN: 978-620-2-01385-7

[18]. Fouad A. S. Soliman, "Mechatronics: Multidisciplinary
Engenharia", Livro Publicado, Lambert Academic Publishing, Omni-
Scriptum, GmbH e Co. KG, agosto de 2017.
ISBN: 978-620-0-43740-2.

[19]. Fouad A. S. Solimna e Hoda A. Ashry, "Gold and Silver Recovery
from Electronic Waste", Recuperação de ouro e prata de resíduos electrónicos
Resíduos", Livro publicado Lambert Academic Publishing, Omni-Scriptum
GmbH and Co. KG, Set. 2017.
ISBN: 978-620-2-04988-7.

[20]. Fouad A. S. Soliman, Amira A El-laboudi, e Manal Mahdi,
"Colheita de energia e necessidades humanas futuras", Livro publicado,
Lambert Academic Publishing, Omni-Scriptum GmbH e Co. KG, novembro de 2017.
ISBN: 978-620-2-07981-5.

[21]. Hoda A. Ashry e Fouad A. S. Soliman, "World of Neurons",
Livro publicado, Lambert Academic Publishing, Omni- Scriptum GmbH
and Co. KG, janeiro de 2018.
ISBN: 978-613-4-97714-2.

[22]. Fouad A. S. Soliman, "Role of Engineering in Therapy", publicado em
Livro Lambert Academic Publishing, Omni- Scriptum GmbH and Co.
KG, abril de 2018.
ISBN: 978-613-9-58735-3.

[23]. Fouad A. S. Soliman, "New Trends in Exploring Earth Treasures" [Novas Tendências na Exploração dos Tesouros da Terra],

Livro publicado, Lambert Academic Publishing, Omni- Scriptum GmbH
Co. KG, Nov. 2019.
ISBN: 978-620-0-46469-9.

[24]. **Fouad A. S. Soliman, "Energy: Resources, Derivative, Sustainability and Development",** Livro publicado Lambert Academic Publishing, Omni-Scriptum GmbH e Co. KG, dezembro de 2019.

[25]. **Fouad A. S. Soliman e Hamed I. E. Mira, "Nuclear Power: História, materiais, economia e futuro",** Livro publicado Lambert Publicação académica, Omni-Scriptum GmbH & Co. KG, janeiro de 2020.
ISBN: 978-620-0-46407-1.

[26]. **Fouad A. S. Soliman, "Renewable Energy and the Future of Human Vida",** Livro publicado. Lambert Academic Publishing. Omni-Scriptum GmbH e Co.KG, fevereiro de 2020.
ISBN: 978-620-0-53632-7.

[27]. **Fouad A. S. Soliman, Safaa M. R. El-ghanam, e Ashraf M. Abdel-maksoud, "Impacto ambiental da indústria energética",** Livro publicado Lambert Academic Publishing, Omni-Scriptum GmbH and Co. KG, fevereiro de 2020.
ISBN: 978-620-0-57165-6.

[28]. **Fouad A. S. Soliman e Amira Abdel-Magid, "Projections, Develo-pamentos e explorações de recursos energéticos renováveis"** Livro publicado, Lambert Academic Publishing, Omni-Scriptum GmbH and Co. KG, março de 2020.
ISBN: 978-620-065158-7.

[29]. **Fouad A. A. Soliman, e Wafaa Abd El-Basit, "Smart Photovoltaic As tecnologias e o futuro da energia",** livro publicado, Lambert Publicação académica, **Omni-Scriptum** GmbH e Co. KG, março de 2020.
ISBN: 978-620-251267-1.

[30]. Fouad A. S. Soliman, and **Sanaa A. Kamh", Open Source Hardware**
Tecnologia, Livro Publicado, Lambert Academic Publishing, Omni-
Scriptum GmbH and Co. KG, abril de 2020.
ISBN: 978-620-2-51639-6.
[31]. Fouad A. S. Soliman, **"Renewable Energy Technologies for Salt**
Dessalinização da água", Livro publicado, Lambert Academic Publishing,
Omni-Scriptum GmbH e Co. KG, maio de 2020.
ISBN: 978-620-2-52159-8.
[32]. Fouad A. S. Soliman, **"New Trends in Renewable Energy for**
Humanity Benefits", Livro publicado, Lambert Academic Publishing,
Omni-Scriptum GmbH e Co. KG, maio de 2020.
ISBN: 978-620-2-51887-1.
[33]. Fouad A. S. Soliman, e **Ashraf M. Abdel-maksoud, "Energy**
Armazenamento, Transmissão e Monitorização", Livro Publicado, Lambert
Publicação académica, Omni-Scriptum GmbH e Co. KG, maio de 2020.
ISBN: 978-6213-94971-2
[34]. Fouad S. S. Soliman, **"Climate Effects on PV-Systems and their**
Manutenção e Reciclagem", Livro Publicado, Lambert Academic
Publicação, Omni-Scriptum GmbH e Co. KG, junho de 2020.
ISBN: 978-620-2-56451-9.
[35]. Fouad A. S. Soliman **e Hamed I. E. Mira, "Drones: The Future of**
Veículos Aéreos Não Tripulados", Livro publicado Lambert Academic Publi-
shing, Omni-Scriptum GmbH e Co. KG, junho de 2020.
ISBN: 978-620-2-66811-8.
[36]. Fouad A. S. Soliman, **"Airborne Geophysical & Remote Sensing**
Based on DroneAircrafts", Livro publicado, Lambert Academic
Publicação, Omni-Scriptum GmbH e Co. KG, julho de 2020.
ISBN: 978-620-2-67331-0.
[37]. Fouad A. S. Soliman, e **Safaa M. El-ghanam "The World of**
Tecnologias de energias renováveis", Livro publicado, Lambert Academic
Publicação, Omni-Scriptum GmbH e Co. KG, agosto de 2020.
ISBN: 978-620-2-68432-3.

[38]. Fouad A. S. Soliman, e **Ashraf M. Abedel-maksoud", Tecnologias of Stand-Alone and Distributed Energy Systems"**, Livro publicado, Lambert Academic Publishing, Omni-Scriptum GmbH e Co. KG, setembro de 2020.
ISBN: 978-620-0-50455-6.

[39]. Fouad A. S. Soliman, **A Novel and Efficient Aerial Techniques for Deteção de UXO,** Livro Publicado, Lambert Academic Publishing, Omni-Scriptum GmbH and Co. KG, setembro de 2020.
ISBN: 978-620-2-79934-8

[40]. Fouad A. S. Soliman e **Ashraf M. Abedel-maksoud, "Technology and Future of Nano-fluids",** Livro publicado, Lambert Academic Publicação, Omni-Scriptum GmbH e Co. KG, setembro de 2020.
ISBN: 978-620-2-80132-4.

[41]. Fouad A. S. Soliman, e **Safaa M. El-ghanam,** "New Trends in the Produção, conversão, transmissão e armazenamento de energia", **Livro publicado, Lambert Academic Publishing, Omni-Scriptum GmbH e Co. KG, outubro de 2020.**
ISBN: 978-620-2-80878-1.

[42]. Fouad A. S. Soliman, **"Remote Monitoring, Net Metering, Fault Deteção e Manutenção Preditiva de Sistemas Eléctricos de Potência.** Livro publicado, Lambert Academic Publishing, Omni-Scriptum GmbH and Co. KG, outubro de 2020.
ISBN: 978-3-330-06474-4.

[43]. Fouad A. S. Soliman**, A. A. Abu Talib e Doaa H. Hanafy, "PV Shockley-Queasier, Maximum Power, Green Houses e Rooftop Estações",** Livro Publicado, Lambert Academic Publishing, Omni-Scriptum GmbH e Co. KG, outubro de 2020.
ISBN: 978-620-2.92085-8.

[44]. Fouad A. S. Soliman, **Wafaa A. Zekri, Soha Abel-Azim, Environ-Impacto mental da produção, transporte e distribuição de eletricidade**

Indústria", Livro Publicado, Lambert Academic Publishing, Omni-
Scriptum GmbH e Co. KG, novembro de 2020.
ISBN: 978-620-3-02581-1.

[45]. **Fouad A. S. Soliman** e **Safaa R. El-ghanam, Future Energy DevelopMent**, Livro Publicado, Lambert Academic Publishing, Omni-
Scriptum GmbH e Co. KG, novembro de 2020.
ISBN: 978-620-3-041132.

[46]. **Fouad A. S. Soliman** e **Hamed I. E. Mira, "For More Efficient Aplicações da energia solar"**, Livro publicado Lambert Academic
Publicação, Omni-Scriptum GmbH e Co. KG, dezembro de 2020.
ISBN: 978-620-801002.

[47]. **Fouad A. S. Soliman**, e **Sanaa A. Kamh,** "New Trends in Micro- and
Hybrid-Energy Grids", Livro publicado, Lambert Academic **Publishing**,
Omni-Scriptum. GmbH and Co. KG, dezembro de 2020.
ISBN: 978-620-2-92022-3.

[48]. **Fouad A. S. Soliman**, **"Trends in Renewable Energy Resources Gridding"**, Livro publicado Lambert Academic Publishing, Omni-Scriptum GmbH and Co. KG, janeiro de 2021.
ISBN: 978-620-3-30339-1.

[49]. **Fouad A. S. Soliman** e **Wafaa Abdel Basit Zekri, "Gridding of Sistemas inteligentes de energia solar"**, Livro publicado, Lambert Academic
Publishing, Omni-Scriptum, GmbH and Co., K.G. março de 2021.
ISBN: 978-620-3-46312-5.

[50]. **Fouad A. S. Soliman** e **Safaa R. El-ghanam, "New Trends in Sistema Fotovoltaico"**, Livro publicado, Lambert Academic Publishing,
Omni-Scriptum GmbH and Co., K.G., dezembro de 2020.
ISBN: 978-620-3-47075-8.

[51]. **Fouad A. S. Soliman, "Automatic Monitoring of PV-Systems'**,
Livro publicado Lambert Academic Publishing, Omni-Scriptum GmbH
e Co. KG, setembro de 2021.
ISBN: 978-620-3-58196-6.

[52]. **Fouad A. S. Soliman**, e **Ashraf M. Abedel-maksoud, "Marine Power: O Futuro das Energias Renováveis,** Livro Publicado, Lambert

Publicação académica, Omni-Scriptum GmbH and Co. KG, novembro,
2021.
ISBN: 978-620-4-71792-0163.
[53]. Fouad A. S. Soliman, **"Carbon Capture and Sequestration"**, Livro publicado Lambert Academic Publishing, Omni-Scriptum GmbH
and Co. KG, novembro de 2021.
ISBN: 978-620-4-72561-1163.
[54]. Fouad A. S. Soliman, **e Hoda A. Ashry, "Role of Electronics and**
Informática em medicina energética", Livro publicado Lambert
Publicação académica, Omni-Scriptum GmbH and Co. KG, Nov. 2021.
ISBN: 978-620-4-727387.
[55]. Fouad A. S. Soliman, **e Nehal Abou-el fotoh Ali, "Future**
Desafios da Eletrónica Baseada em Piezoeléctricos", Livro Publicado
Lambert Academic Publishing Omni-Scriptum GmbH e Co. KG,
dezembro de 2021.
ISBN: 978-620-4-70844.
[56]. Fouad A. S. Soliman, **Ayman H. Shanash e Nehal Abou-el fotoh**
Ali, "Sustainale Energy for Human Safety and Luxury", publicado
Livro Lambert Academic Publishing, Omni-Scriptum GmbH and Co.
KG, janeiro de 2022.
ISBN: 978-620-4-73029-1163.
[57]. Fouad A. S. Soliman, **e Nehal Abou-el fotoh Ali, "World of Osmo-**
Tic Phenomenon", Livro publicado Lambert Academic Publishing,
Omni-Scriptum GmbH & Co. KG, janeiro de 2021.
ISBN: 978-620-4-73327-2164.
[58]. Fouad A. S. Soliman, **Ayman H. Shanash & Nehal Abou-el fotoh Ali,**
"Uma visão profunda do futuro da energia, livro publicado Lambert
Publicação académica, Omni-Scriptum GmbH and Co. KG, Jan. 2022.
ISBN: 978-620-4-73472-9164.
[59]. Fouad A. S. Soliman, **Ayman H. Shanash e Nehal Abou-el fotoh**

Ali, "Transitioning from Fossil Fuels to Renewable Energy" (Transição dos combustíveis fósseis para as energias renováveis), publicado

Livro Lambert Academic. Publishing, Omni-Scriptum GmbH and Co.

KG, fevereiro de 2022.

ISBN: 978-620-4-74114-7164.

[60]. **Fouad A. S. Soliman, Ayman H. Shanash e Nehal Abou-el fotoh Ali, "Ocean Thermal Energy Conversion",** livro publicado Lambert

Publicação académica, Omni-Scriptum GmbH and Co. KG, Fev. 2022.

ISBN: 978-620-4-74278-61.

[61]. **Fouad A. S. Soliman, Ayman H. Shanash e Nehal Abou-el fotoh Ali, "The Rapid Movement towards Clean Green World" (O movimento rápido para um mundo verde e limpo),** publicado

Livro Lambert Academic. Publishing, Omni-Scriptum GmbH and Co.

KG, fevereiro de 2022.

ISBN: 9786-204-745 183.

[62]. **Fouad A. S. Soliman, Ayman H. Shanash e Nehal Abou-el fotoh Ali, "Engenharia de sistemas de energia renovável",** Livro publicado

Lambert Academic Publishing, Omni-Scriptum GmbH e Co. KG, fevereiro de 2022.

ISBN: 978-620-4-74716-3.

[63]. **Fouad A. S. Soliman, Ayman H. Shanash e Nehal Abou-el fotoh Ali, "De A a Z sobre as energias renováveis",** livro publicado Lambert Academic Publishing, Omni-Scriptum GmbH e Co. KG, março de 2022.

ISBN: 9786-202-053099.

[64]. **Fouad A. S. Soliman, Hamed I. E. Mira e Nehal Abou-el fotoh Ali,**

"Passos no caminho do futuro e da conservação da energia", publicado

Livro Lambert Academic Publishing, Omni-Scriptum GmbH and Co.

KG, março de 2022.

ISBN: 9786-139-448388.

[65]. **Fouad A. S. Soliman, Nehal Abou-el fotoh Ali & Karima A. Mahmoud, "Engineering and Comfortable Smart Life",** publicado

Livro Lambert Academic Publishing, Omni-Scriptum GmbH and Co.
KG, março de 2022.
ISBN: 978-620-0-24999-91.

[66]. Fouad A. S. Soliman, Hoda A. Ashry e Nehal Abou-el fotoh Ali, "World of Fuel Cells", Livro publicado Lambert Academic Publishing,
Omni-Scriptum GmbH e Co. KG, abril de 2022.
ISBN: 978-620-4-74855-91.

[67]. Fouad A. S. Soliman, Nehal Abou-el fotoh Ali e Wafaa A. Zekri, "Engenharia de Sistemas Fotovoltaicos", Livro publicado Lambert
Publicação académica, Omni-Scriptum GmbH and Co. KG, abril de 2022.
ISBN: 978-620-4-74893-11.

[68]. Fouad A. S. Soliman, Amira A. Abo-talib e Doaa H. Hanafy, " Papel da Engenharia Eletrónica nas Ciências Automóvel e Mecânica ence, Livro Publicado Lambert Academic Publishing, Omni-Scriptum,
GmbH e Co. KG, maio de 2022.
ISBN: 978-620-4-75130-61.

[69]. Fouad A. S. Soliman, Nihal Abou-alfotoh Ali," Nano-fiber: A Future of Materials", Livro publicado Lambert Academic Publishing,
Omni-Scriptum, GmbH e Co. KG, maio de 2022.
ISBN: 978-620-4-95505-616.

[70]. Fouad A. S. Soliman, Sanaa A. Kamh e Doaa H. Hanafy, "The Brilliant Future of Lithium in Energy Storage", livro publicado Lambert Academic Publishing, Omni-Scriptum, GmbH e Co. KG, maio de 2022.
ISBN: 978-620-4-98014-0165519.

[71]. Fouad A. S. Soliman, e Hamed I. E. Mira, "Stereo Microscope: a ferramenta de nano-imagem do futuro", livro publicado Lambert
Publicação académica, Omni-Scriptum, GmbH and Co. KG, maio de 2022.
ISBN: 978-620-5489-406.

[72]. Fouad A. S. Soliman, Amira A. Abo-talib El-laboudi e Karima A.
Mahmoud, "Futuro das tecnologias híbridas de energia", Livro publicado

Lambert Academic Publishing, Omni-Scriptum, GmbH e Co. KG, maio de 2022.
ISBN: 978-620-5489-406.

[73]. **Fouad A. S. Soliman, Wafaa Abdel-basit Zekri e Karima A. Mahmoud, "The Brilliant Future of Digital Imaging"**, publicado Livro Lambert Academic Publishing, Omni-Scriptum, GmbH and Co. KG, agosto de 2022.
ISBN: 978-6205-4956-12.

[74]. **Fouad A. S. Soliman, "Future of Interdisciplinary Sciences"**, Livro publicado Lambert Academic Publishing, Omni-Scriptum, GmbH and Co. KG, outubro de 2022.
ISBN: 978-620-5-50245-71.

[75]. **Fouad A. S. Soliman e Karima A. Mahmoud, "Fewer Losses on Geração de energia renovável e aplicações"**, Livro publicado Lambert Academic Publishing, Omni-Scriptum, GmbH e Co. KG, outubro de 2022.
ISBN: 978-620-4-980669.

[76]. **Fouad A. S. Soliman, Amira Abou-talib El-laboudi e Doaa H. Hassan, "Food Energy"**, Livro publicado, Lambert Academic Publicação, Omni-Scriptum, GmbH e Co. KG, outubro de 2022.
ISBN: 978-620-5-50995-116.

[77]. **Fouad A. S. Soliman, Wafaa Abdel-basit Zekri & Karima A. Mahmoud," O Mundo Brilhante do Grafeno"**, Livro Publicado Lambert Academic Publishing, Omi-Scriptum, GmbH e Co. KG, outubro de 2022.
ISBN: 978-620-5-51599-016.

[78]. **Fouad A. S. Soliman, Amira A. Abo-talib & Doaa H. Hanafy," Wind As a Mainstream Renewable Power"**, Livro publicado Lambert Publicação académica, Omni-Scriptum, GmbH and Co. KG, outubro de 2022.
ISBN: 978-620-5-52588-316.4

[79]. **Fouad A. S. Soliman, e Karima A. Mahmoud,** "Unmanned Aerial Aplicações e desenvolvimento de veículos para pesos de poucos gramas**"**, Livro publicado Lambert Academic Publishing, Omni-Scriptum, GmbH and Co. KG, outubro de 2022.
ISBN: 978-620-4-980669.

[80]. Fouad A. S. Soliman, e **Karima A. Mahmoud,** "The Benefits of O plástico e os seus perigos iminentes para a humanidade"**.** Livro publicado Lambert Academic Publishing, Omni-Scriptum, GmbH and Co. KG, Out. 2022.
ISBN: 978-620-5622472.

[81]. Fouad A. S. Soliman, e **Karima A. Mahmoud, "Advanced Tecnologias para prospeção e mineração de ouro",** Livro publicado Lambert Academic Publishing, Omni-Scriptum, GmbH e Co. KG, fevereiro de 2023.
ISBN: 978-620-6142263.

[82]. Fouad A. S. Soliman, e **Karima A. Mahmoud, "Neuro-linguistic Programing",** Livro publicado Lambert Academic Publishing, Omni-Scriptum, GmbH e Co. KG, março de 2023.
ISBN: 978-620-14432.

[83]. Fouad A. S. Soliman, e **Karima A. Mahmoud, "Future Techniques In Mind Mapping",** publicado no livro Lambert Academic Publishing, Omni-Scriptum, GmbH, and Co. KG, março de 2023.
ISBN: 978-6206-147640.

[84]. Fouad A. S. Soliman, e **Hamid I. E. Mira, "Copper for Bright O futuro das energias renováveis",** Livro publicado Lambert Academic Publicação, Omni-Scriptum, GmbH e Co. KG, março de 2023.
ISBN: 978-6206-142263.

[85]. Fouad A. S. Soliman, **Amira A. Abo-talib e Doaa H. Hanafy, Renewable Energy the Power of World by 2050",** Livro publicado Lambert Academic Publishing, Omni-Scriptum, GmbH e Co. KG, março de 2023. abril de 2023.
ISBN: 978-6206-153573.

[86]. Fouad A. S. Soliman **e Karima A. Mahmoud, Global Energy Interligação e prática"** Livro publicado Lambert Academic Publicação Omni-Scriptum, GmbH e Co. KG. abril de 2023.
ISBN: 978-6206-153573.

[87]. Fouad A. S. Soliman, **Hamid I. E. Mira e Karima A. Mahmoud, "Uma visão do mundo da tecnologia da energia eólica".** Publicado

Livro Lambert Academic Publishing, Omni-Scriptum, GmbH and Co.
KG. setembro de 2023.
ISBN: 978-6206-781967.
[88]. Fouad A. S. Soliman, Wafaa A. Zekri e Karima A. Mahmoud, "O papel do hidrogénio na vida humana". Livro publicado Lambert
Publicação académica, Omni-Scriptum, GmbH e Co. KG. Set. 2023.
ISBN: 978-6206-78625-2.
[89]. Fouad A. S. Soliman, e Karima A. Mahmoud, "Future of Energias Renováveis e Técnicas de Armazenamento". Livro publicado
Lambert Academic Publishing, Omni-Scriptum, GmbH e Co. KG. setembro de 2023.
ISBN: 978-6206-790570.
[90]. Fouad A. S. Soliman, Hamid I. E. Mira e Karima A. Mahmoud,
"Importância, pobreza, transmissão e segurança das energias renováveis
Energia". Livro publicado Lambert Academic Publishing, Omni-
Scriptum, GmbH e Co. KG. setembro de 2023.
ISBN: 978-6206-8433513.
[91]. Fouad A. S. Soliman, Hamid I. E. Mira e Karima A. Mahmoud,
"Rumo a 100 % de energias renováveis". Livro publicado Lambert
Academic Publishing, Omni-Scriptum, GmbHand Co. KG. Dez. 2023.
ISBN: 978-620-7-44774-9.
[92]. Fouad A. S. Soliman, e Karima A. Mahmoud, "Vehicles Operação para um futuro não poluído". Livro publicado Lambert
Publicação académica, Omni-Scriptum, GmbH e Co. KG. Dez. 2023.
ISBN: 978-620-7-45399-3.
[93]. Fouad A. S. Soliman, e Karima A. Mahmoud, "World of Fotónica". Livro publicado Lambert Academic Publishing, Omni-Scriptum, GmbH e Co. KG. dezembro de 2023.
ISBN: 978-620-7-45399-3.

[94]. Fouad A. S. Soliman, e **Karima A. Mahmoud, "Electronics and Informática para eleições justas".** Livro publicado Publicação académica, Omni-Scriptum, GmbH e Co. KG. Dez. 2023.
ISBN: 978-620-7-474783.

[95]. Fouad A. S. Soliman **e Karima A. Mahmoud, "Phosphates, Ácidos Fosfóricos e Células Fule".** Livro publicado Lambert Academic Publishing, Omni-Scriptum, GmbH and Co. KG. dezembro de 2023.
ISBN: 978-620-7-484935.

[96]. Fouad A. S. Soliman, **e Karima A. Mahmoud, "Waste Heat Recovery for Power Generation Applications".** Livro publicado Lambert Academic Publishing, Omni-Scriptum, GmbH e Co. KG. dezembro de 2023.
ISBN: 978-620-7-48768-4.

[97]. Fouad A. S. Soliman, **e Karima A. Mahmoud, "Solar Energy Engenharia".** Livro publicado Lambert Academic Publishing, Omni-Scriptum, GmbH e Co. KG, maio de 2024.
ISBN: 978-620-7-64062-1.

[98]. Fouad A. S. Soliman, **e Karima A. Mahmoud, "New Look to the O mundo da energia negra e dos materiais".** Livro publicado Lambert Publicação académica, Omni-Scriptum, GmbH e Co. KG, junho de 2024.
ISBN: 978-620-7-64872-6.

[99]. Fouad A. S. Soliman, **e Karima A. Mahmoud, "Inteligência Artificial e o Futuro da Humanidade**". Livro publicado Lambert Academic Publishing, Omni-Scriptum, GmbH e Co. KG, junho de 2024.
ISBN: 978-620-7-65198-6.

[100]. Fouad A. S. Soliman, **e Karima A. Mahmoud, "Technological Road-mapas para o objetivo de zero emissões líquidas até 2030 e 2050**". Livro publicado

Lambert Academic Publishing, Omni - Scriptum, GmbH and Co. KG, junho 2024.
ISBN: 978-620-7-809264.

[101]. **Fouad A. S. Soliman, Hamed I. E. Mira e Karima A. Mahmoud, "Perovskite para o futuro brilhante das células solares".** Livro publicado Lambert Academic Publishing, Omni - Scriptum, GmbH and Co. KG, julho 2024.
ISBN: 978-620-7-995462.

[102]. **Fouad A. S. Soliman e Karima A. Mahmoud, "Role of Neural Redes sobre o futuro brilhante das ciências da computação".** Publicado Livro Lambert Academic Publishing, Omni - Scriptum, GmbH and Co. KG, agosto de 2024.
ISBN: 978-620-8-01103-1.

Karima A. Mahmoud
Investigador de Física

[1]. **Fouad A. S. Soliman e Karima A. Mahmoud, "Future of Materiais Compósitos"** Livro publicado, Lambert Academic Publishing, Omni-Scriptum GmbH e Co. KG, julho de 2019.
ISBN 978-620-0-24780-3.

[2]. **Fouad A. S. Soliman** e **Karima A. Mahmoud, "Neurons Modeling e Circuitos Eléctricos Equivalentes",** Publicação, Omni-Scriptum GmbH and Co. KG, agosto de 2019.
ISBN 978-620-0-29375-6.

[3]. **Fouad A. S. Soliman** e **Karima A. Mahmoud "Future of Electron Beam Applications",** Publishing, Omni-Scriptum GmbH and Co. KG, setembro de 2019.

ISBN 978-620-0-43740-2.
[4]. **Fouad A.S.Soliman e Karima A. Mahmoud, "Renewable Energy
e o futuro da vida humana",** Livro publicado Lambert Academic Publicação, Omni-Scriptum GmbH e Co. KG, fevereiro de 2020.
ISBN 978-620-0-53632-7.
[5]. **Fouad A. S. Soliman, Karima A. Mahmoud** e Amira Abdel-magid,
**"Projecções, desenvolvimentos e explorações de energias renováveis
Recursos"** Livro publicado, Lambert Academic Publishing, Omni Scriptum GmbH and Co. KG, março de 2020.
ISBN 978-620-065158-7.
[6]. **Fouad A. A. Soliman,** Wafaa Abd El-Basit e **Karima A. Mahmoud,**
"Tecnologias fotovoltaicas inteligentes e o futuro da energia",
Livro publicado, Lambert Academic Publishing, Omni- Scriptum GmbH
and Co. KG, março de 2020.
ISBN 978-620-251267-1
[7]. **Fouad A. S. Soliman, Sanaa A.Kamh e Karima A. Mahmoud",
Tecnologia de hardware de código aberto,** Livro publicado, Lambert
Publicação académica, Omni-Scriptum GmbH e Co. KG, abril de 2020.
ISBN 978-620-2-51639-6.
[8]. **Fouad A. S. Soliman e Karima A. Mahmoud, "New Trends in
Benefícios das energias renováveis para a humanidade",** livro publicado, Lambert
Publicação académica, Omni-Scriptum GmbH e Co. KG, maio de 2020.
ISBN 978-620-2-51887-1.
[9]. **Fouad A. S. Soliman, Ashraf M. Abdel-maksoud e Karima A. Mahmoud," Armazenamento, transmissão e monitorização de energia",**
Livro publicado, Lambert Academic Publishing, Omni-Scriptum GmbH
e Co. K.G., maio de 2020.
ISBN 978-6213-94971-2.
[10]. **Fouad A. S. Soliman, Karima A. Mahmoud** e Amira Abdel-Magid,

"Projecções, desenvolvimentos e explorações de energias renováveis Recursos" Livro publicado, Lambert Academic Publishing, Omni-Scriptum GmbH and Co. KG, março de 2020.
ISBN 978-620-065158-7.

[11]. Fouad A. A. Soliman, Wafaa Abd El-Basit e **Karima A. Mahmoud" Smart Photovoltaic Technologies and the Future of Energy" (Tecnologias fotovoltaicas inteligentes e o futuro da energia),** Livro publicado, Lambert Academic Publishing, Omni-Scriptum GmbH and Co. KG, março de 2020.
ISBN 978-620-251267-1

[12]. Fouad A. S. Soliman, Sanaa A. Kamh e Karima A. Mahmoud", Tecnologia de Hardware de Código Aberto, Livro Publicado, Lambert Publicação académica, Omni-Scriptum GmbH e Co. KG, abril de 2020.
ISBN 978-620-2-51639-6

[13]. Fouad A. S. Soliman e Karima A. Mahmoud, " New Trends in Benefícios das energias renováveis para a humanidade", livro publicado, Lambert Publicação académica, Omni-Scriptum GmbH and Co. KG, maio de 2020.
ISBN 978-620-2-51887-1.

[14]. Fouad A. S. Soliman, Ashraf M. Abdel-maksoud e Karima A. Mahmoud, "Armazenamento, transmissão e monitorização de energia", Livro publicado, Lambert Academic Publishing, Omni-Scriptum GmbH and Co. KG, maio de 2020.
ISBN 978-613-4-94971-2.

[15]. Fouad S. S. Soliman, e Karima A. Mahmoud, "Climate Effects on Sistemas fotovoltaicos e sua manutenção e reciclagem", Livro publicado, Lambert Academic Publishing, Omni-Scriptum GmbH e Co. KG, junho 2020.
ISBN 978-620-2-56451-9.

[16]. **Fouad A. S. Soliman, Safaa M. El-Ghanam e Karima A. Mahmoud, "O mundo das tecnologias de gel",** Livro publicado,
Lambert Academic Publishing, Omni-Scriptum GmbH e Co. KG, agosto de 2020.
ISBN 978-620-2-68432-3.
[17]. **Fouad A. S. Soliman, Ashraf M. Abedel-maksoud e Karima A. Mahmoud", Tecnologias de energia autónoma e distribuída Systems",** Livro Publicado, Lambert Academic Publishing, Omni-Scriptum GmbH and Co. KG, setembro de 2020.
ISBN 978-620-0-50455-6.
[18]. **Fouad A. S. Soliman, Ashraf M. Abedel-maksoud e Karima A. Mahmoud", Technology and Future of Nano-fluids",** Livro publicado,
Lambert Academic Publishing, Omni-Scriptum GmbH e Co. KG, setembro de 2020.
ISBN 978-620-2-80132-4.
[19]. **Fouad A. S. Soliman, Sanaa A. Kamh e Karima A. Mahmoud,** "Novas tendências em redes de energia micro e híbridas", Livro publicado,
Lambert Academic **Publishing**, Omni-Scriptum GmbH e Co. KG, dezembro de 2020.
ISBN 978-620-2-92022-3.
[20]. **Fouad A. S. Soliman, Safaa R. El-Ghanam e Karima A. Mahmoud, "Novas Tendências em Sistemas Fotovoltaicos", Livro** Publicado,
Lambert Academic Publishing, Omni-Scriptum GmbH and Co,
K.G. Dez. 2020.
ISBN 978-620-3-47075-8.
[21]. **Fouad A. S. Soliman, Hamed I. E. Mira e Karima A. Mahmoud,**
"Pneus de sucata entre as tecnologias de reciclagem e de bioenergia",
Livro publicado Lambert Academic Publishing, Omni-Scriptum GmbH
and Co. KG, março de 2021.
ISBN 978-620-57464-7.
[22]. **Fouad A. S. Soliman e Karima A. Mahmoud, "Automatic Moni-**

toring of PV-Systems', Livro publicado Lambert Academic. Publicação,
Omni-Scriptum GmbH e Co. KG, setembro de 2021.
ISBN 978-620-3-58196-6.

[23]. Fouad A. S. Soliman, Hamed I. E. Mira e Karima A. Mahmoud,
"Hidrogénio: O Futuro dos Combustíveis sem Carbono", Livro Publicado
Lambert Academic Publishing, Omni-Scriptum GmbH e Co. KG, outubro de 2021.
ISBN 978-620-40 20741-4.

[24]. Fouad A. S. Soliman, e Karima A. Mahmoud, "Unmanned Aerial
Aplicações e desenvolvimento de veículos para pesos de poucos gramas",
Livro publicado Lambert Academic Publishing, Omni-Scriptum, GmbH
and Co. KG, outubro de 2022.
ISBN: 978-620-4-980669.

[25]. Fouad A. S. Soliman, e Karima A. Mahmoud, "The Benefits of
O plástico e os seus perigos iminentes para a humanidade", livro publicado
Lambert Academic Publishing, Omni-Scriptum, GmbH e Co. KG, outubro de 2022.
ISBN: 978-620-5622472.

[26]. Fouad A. S. Soliman, e Karima A. Mahmoud, "Advanced Tecnologias para prospeção e mineração de ouro", Livro publicado
Lambert Academic Publishing Omni-Scriptum, GmbH e Co. KG, fevereiro de 2023.
ISBN: 978-620-6142263.

[27]. Fouad A. S. Soliman e Karima A. Mahmoud, "Neuro-linguistic
Programação", Livro publicado Lambert Academic Publishing, Omni-
Scriptum, GmbH e Co. KG, março de 2023.
ISBN: 978-620-14432.

[28]. Fouad A. S. Soliman, e Karima A. Mahmoud, "Global Energy Interligação e Prática". Livro publicado Lambert Academic Publicação, Omni-Scriptum, GmbH e Co. KG, abril de 2023.
ISBN: 978-6206-153573.

[29]. **Fouad A. S. Soliman, Hamid I. E. Mira e Karima A. Mahmoud,**
"Uma visão do mundo da tecnologia da energia eólica". Publicado
Livro Lambert Academic Publishing, Omni-Scriptum, GmbH and Co.
KG. setembro de 2023.
ISBN: 978-6206-781967.
[30]. **Fouad A. S. Soliman, Wafaa A. Zekri e Karima A. Mahmoud, Role**
do Hidrogénio na Vida Humana". Livro publicado Lambert Academic
Publishing, Omni-Scriptum, GmbH and Co. KG. setembro de 2023.
ISBN: 978-6206-78625-2.
[31]. **Fouad A. S. Soliman e Karima A. Mahmoud, "Future of**
Energias Renováveis e Técnicas de Armazenamento". Livro publicado
Lambert Academic Publishing, Omni-Scriptum, GmbH e Co. KG.
setembro de 2023.
ISBN: 978-6206-790570.
[32]. **Fouad A. S. Soliman, Hamid I. E. Mira e Karima A. Mahmoud,**
"Importância, pobreza, transmissão e segurança das energias renováveis
Energia". Livro publicado Lambert Academic Publishing, Omni-Scriptum, GmbH e Co. KG. setembro de 2023.
ISBN: 978-6206-8433513.
[33]. **Fouad A. S. Soliman, Hamid I. E. Mira e Karima A. Mahmoud,**
"Rumo a 100 % de energias renováveis". Livro publicado Lambert
Publicação académica, Omni-Scriptum, GmbH e Co. KG. Dez. 2023.
ISBN: 978-620-7-44774-9.
[34]. **Fouad A. S. Soliman, e Karima A. Mahmoud, "Vehicles Operation**
Um futuro não poluído". Livro publicado Lambert Academic Publi-
shing, Omni-Scriptum, GmbH e Co. KG. dezembro de 2023.
ISBN: 978-620-7-45399-3.
[35]. **Fouad A. S. Soliman, e Karima A. Mahmoud, "World of**

Fotónica". Livro publicado Lambert Academic Publishing, Omni-Scriptum, GmbH e Co. KG. dezembro de 2023.
ISBN: 978-620-7-467945.

[36]. Fouad A. S. Soliman, e Karima A. Mahmoud, "Electronics and Ciências da Computação para eleições justas". Livro publicado Lambert
Publicação académica, Omni-Scriptum, GmbH e Co. KG. Dez. 2023.
ISBN: 978-620-7-474783.

[37]. Fouad A. S. Soliman e Karima A. Mahmoud, "Phosphates, Ácidos Fosfóricos e Células Fule". Livro publicado Lambert Academic
Publishing, Omni-Scriptum, GmbH and Co. KG. dezembro de 2023.
ISBN: 978-620-7-484935.

[38]. Fouad A. S. Soliman, e Karima A. Mahmoud, "Waste Heat Reco-very for Power Generation Applications". Livro publicado Lambert
Publicação académica, Omni-Scriptum, GmbH e Co. KG. Dez. 2023.
ISBN: 978-620-7-48768-4.

[39]. Fouad A. S. Soliman, e Karima A. Mahmoud, "Solar Energy Engin-eering". Livro publicado Lambert Academic Publishing, Omni-Scriptum,
GmbH e Co. KG, maio de 2024.
ISBN: 978-620-7-64062-1.

[40]. Fouad A. S. Soliman, e Karima A. Mahmoud, "New Look to the O mundo da energia negra e dos materiais". Livro publicado Lambert
Publicação académica, Omni-Scriptum, GmbH e Co. KG, junho de 2024.
ISBN: 978-620-7-64872-6.

[41]. Fouad A. S. Soliman, e Karima A. Mahmoud, "Inteligência Artificial e o Futuro da Humanidade". Livro publicado Lambert Academic
Publicação, Omni-Scriptum, GmbH e Co. KG, junho de 2024.
ISBN: 978-620-7-65198-6.

[42]. **Fouad A. S. Soliman, e Karima A. Mahmoud, "Technological Road-
mapas para o objetivo de zero emissões líquidas até 2030 e 2050"**. Livro publicado
Lambert Academic Publishing, Omni - Scriptum, GmbH and Co. KG, junho
2024.
ISBN: 978-620-7-809264.

[43]. **Fouad A. S. Soliman, Hamed I. E. Mira e Karima A. Mahmoud,
"Perovskite para o futuro brilhante das células solares".** Livro publicado
Lambert Academic Publishing, Omni - Scriptum, GmbH and Co. KG, julho
2024.
ISBN: 978-620-7-995462.

[44]. **Fouad A. S. Soliman e Karima A. Mahmoud, "Role of Neural
Redes sobre o futuro brilhante das ciências da computação".** Publicado
Livro Lambert Academic Publishing, Omni - Scriptum, GmbH and Co.
KG, agosto de 2024.
ISBN: 978-620-8-01103-1.

Agradecimentos

Estamos ajoelhados em obediência **a ALÁ, agradecendo-Lhe** por me ter mostrado o caminho certo. Sem a ajuda de **Deus,** os nossos esforços ter-se-iam perdido. Foi com a graça de **Deus** que conseguimos alcançar este grande feito. Agradecemos também a uma pessoa que amamos muito, o **Profeta Maomé (que Deus o louve e lhe dê paz).**

Gostaríamos também de expressar a nossa mais profunda gratidão a:

- **Nuclear Materials Authority, Cairo, Egito.**

Funcionário dos diferentes sectores.

- **Women College for Arts, Science, and Education, Ain-shams University, Cairo, Egito**

Membros do pessoal do Departamento de Física e do Laboratório de Investigação em Eletrónica.

- **Centro Nacional de Investigação e Tecnologia das Radiações, Cairo, Egito**

Membros do pessoal do Departamento de Física das Radiações.

- **Membros do pessoal do Centro Egípcio de Estudos Económicos, Investigação Científica e Ambiental e Desenvolvimento.**

Resumo

A energia renovável desempenha um papel fundamental na jornada para emissões líquidas zero de carbono, ajudando a reduzir a procura de combustíveis fósseis ao fornecer fontes de energia mais limpas. Mas, à medida que o mundo obtém cada vez mais eletricidade a partir destas fontes de energia renováveis, há uma necessidade crescente de tecnologias que a possam capturar e armazenar.

A produção de energia renovável depende principalmente de factores naturais - a energia hidroelétrica depende dos caudais sazonais dos rios, a energia solar da quantidade de luz do dia, a energia eólica da consistência do vento - o que significa que as quantidades produzidas serão intermitentes. Da mesma forma, a procura de energia também não é constante, uma vez que as pessoas tendem geralmente a utilizar diferentes quantidades de energia em diferentes alturas do dia e do ano. Assim, quando a quantidade de energia renovável produzida é superior à necessária, faz sentido armazenar essa energia em excesso para que possa ser utilizada numa altura em que a procura exceda a produção.

A transição global para fontes de energia sustentáveis levou a um aumento da integração de sistemas de energias renováveis (FER) nas redes eléctricas existentes. Para melhorar a eficiência, a fiabilidade e a viabilidade económica destes sistemas, a aplicação sinérgica de métodos de inteligência artificial (IA) surgiu como uma via promissora...

Os sistemas de energias renováveis (FER) tornaram-se mais fiáveis, eficientes e sustentáveis com a inclusão de técnicas de inteligência artificial (IA). Nos últimos anos, uma quantidade crescente de literatura tem explorado o potencial dos métodos de otimização baseados em IA para revolucionar vários aspectos das FER, desde a avaliação de recursos até à operação e manutenção do sistema. No entanto, apesar do crescente interesse e dos avanços neste campo, continua a existir uma lacuna crítica na sintetização da literatura existente, na análise crítica dos resultados da investigação e na definição de futuras direcções de investigação. Este estudo pretende colmatar esta lacuna de investigação, fornecendo uma revisão detalhada da literatura sobre a otimização das FER através de metodologias de IA, ao mesmo tempo que oferece uma crítica matizada das abordagens actuais e destaca áreas para exploração futura. Ao consolidar as percepções de diversos estudos, esta investigação procura sublinhar a originalidade da investigação ao sintetizar descobertas díspares, identificando tendências abrangentes e elucidando os mecanismos subjacentes que impulsionam a eficácia da IA na otimização das FER.

Palavras-chave

A energia renovável desempenha um papel fundamental na jornada de emissões líquidas zero de carbono, ajudando a reduzir a procura de combustíveis fósseis, fornecendo fontes de energia mais limpas, quantidade de luz do dia, energia eólica, consis-tência, vento - significando, montagens, sendo, geradas, será, intermitente, similarmente, demanda, por, energia, não é, constante, também, as pessoas, geralmente, tendem, usar, diferentes quantidades, de, energia, diferentes, horas, do, dia, e do, ano, quantidade, de, energia, renovável, sendo, gerada, maior, do, que, o, que, é, necessário, faz, sentido, armazenar, o, excesso, de, energia, usada, a, demanda, excede, a, geração, ao contrário dos combustíveis fósseis, a energia renovável cria, energia limpa, sem, produzir, gases com efeito de estufa (GEE), produto residual, armazenar e usar energia renovável, sistema, como um todo, pode depender, menos, energia proveniente, mais combustíveis emissores de gases com efeito de estufa, como carvão, gás natural ou petróleo, benefício chave, de ser capaz, ajuda, a evitar, recursos renováveis, a ir para o lixo, vezes, quantidade de eletricidade, a ser, gerada, renovável, pode, exceder, a, quantidade, necessária, no, momento, em que, isto, acontece, alguns, geradores, renováveis, podem, precisar, de, reduzir, a, sua, produção, para, ajudar, se, o, seu, objetivo, é, gerar, mais, energia, garantir, um, fornecimento, mais, fiável, utilizar, a, energia, de, forma, mais, eficiente, para, atingir, os, seus, objectivos, amplo, portfólio, de, materiais, à, base, de, silício, fornecem, proteção, comprovada, a, eletrónica, e, componentes, contra, temperaturas, extremas, e produtos químicos agressivos, combinados, com, décadas, de, aplicação, experiência, materiais, inovação, podem, promover, um desempenho duradouro e fiável, dispositivos complexos, como módulos IGBT, optimizadores de potência, micro-inversores, bem como, montagens eléctricas, visando a conversão de energia e potência, a transição global, para, fontes de energia sustentáveis, provocou um aumento, integração de sistemas de energia renovável (FER), em, redes de energia existentes, melhorar, eficiência, fiabilidade, viabilidade económica, sistemas, aplicação sinérgica, inteligência artificial (IA), métodos, emergiu, avenida promissora, estudo apresenta, revisão abrangente, o estado atual, investigação, intersecção de energia renovável e IA, destacando meto-dologias chave, desafios, e realizações, abrange, espetro, utilizações de IA, optimizando diferentes facetas das FER, incluindo, recurso, avaliação, previsão de energia, monitorização do sistema, estratégias de controlo, integração de rede, algoritmos de aprendizagem de máquina, redes neurais, técnicas de otimização, exploradas, papel em conjuntos de dados complexos, melhorando as capacidades de previsão, adaptando dinamicamente as FER, além disso, estudo, discute, desafios enfrentados, implementação, IA em FER, tais como, variabilidade dos dados, interpretabilidade do modelo, adaptabilidade em tempo real, benefícios potenciais, superação, desafios, incluem aumento, rendimento energético, redução dos custos operacionais, melhoria da estabilidade da rede, revisão, conclui, exploração de perspectivas, tendências emergentes, campo, avanços antecipados, tais como, IA explicável, aprendizagem por reforço, computação de ponta, discutidos, contexto, seu, potencial, impacto, e otimização das FER.

Índice

Capítulo (1)
Armazenamento de energias renováveis

1.1. Prefácio

A energia renovável desempenha um papel fundamental na jornada para emissões líquidas zero de carbono, ajudando a reduzir a procura de combustíveis fósseis ao fornecer fontes de energia mais limpas. Mas à medida que o mundo obtém cada vez mais eletricidade a partir destas fontes de energia renováveis, há uma necessidade crescente de tecnologias que a possam capturar e armazenar [1].

1.2. Importância do armazenamento de energias renováveis

A produção de energia renovável depende principalmente de factores naturais - a energia hidroelétrica depende dos caudais sazonais dos rios, a energia solar da quantidade de luz do dia, a energia eólica da consistência do vento - o que significa que as quantidades produzidas serão intermitentes [2].

Da mesma forma, a procura de energia também não é constante, uma vez que as pessoas tendem geralmente a utilizar diferentes quantidades de energia em diferentes alturas do dia e do ano. Assim, quando a quantidade de energia renovável produzida é superior à necessária, faz sentido armazenar essa energia excedente para que possa ser utilizada numa altura em que a procura exceda a produção.

1.2.1. Armazenamento de energias renováveis para emissões líquidas nulas de gases com efeito de estufa

Ao contrário dos combustíveis fósseis, as energias renováveis criam energia limpa sem produzir gases com efeito de estufa (GEE) como produto residual. Ao armazenar e utilizar a energia renovável, o sistema como um todo pode depender menos da energia proveniente de combustíveis com maior emissão de gases com efeito de estufa, como o carvão, o gás natural ou o petróleo [3].

1.2.2. Outros benefícios do armazenamento de energia renovável

Uma das principais vantagens da capacidade de armazenar esta energia é o facto de ajudar a evitar que os recursos renováveis sejam desperdiçados.

Há alturas em que a quantidade de eletricidade produzida pelas energias renováveis pode exceder a quantidade necessária nesse momento. Quando isto acontece, alguns produtores de energias renováveis podem ter de reduzir a sua produção para ajudar o sistema a manter-se "equilibrado" - ou seja, quando a oferta de eletricidade satisfaz a procura - o que significa que uma oportunidade de produzir eletricidade limpa foi essencialmente desperdiçada [4].

O armazenamento de energia permite que estes recursos de energia renovável continuem a produzir eletricidade mesmo que não seja necessária nesse momento específico, uma vez que pode ser armazenada até um momento posterior em que seja necessária.

1.3. Tecnologias de armazenamento de energias renováveis

As tecnologias de armazenamento de energia funcionam através da conversão de energia renovável de e para outra forma de energia. Apresentam-se a seguir algumas das diferentes tecnologias utilizadas para armazenar energia eléctrica produzida a partir de fontes renováveis [5, 6]:

- **Armazenamento de energia hidroelétrica por bombagem:** O armazenamento de energia hidroelétrica por bombagem, ou hidroelétrica bombeada, armazena energia sob a forma de energia potencial gravitacional da água. Quando a procura é baixa, a eletricidade excedente da rede é utilizada para bombear água para um reservatório elevado. Quando a procura aumenta, a água é libertada para fluir através de turbinas para um reservatório inferior, produzindo energia hidroelétrica para a rede enquanto o faz.

- **Armazenamento de energia em baterias electroquímicas:** As baterias electroquímicas armazenam energia através da separação de cargas positivas e negativas em células recarregáveis. Os diferentes tipos de tecnologia de armazenamento de baterias electroquímicas incluem

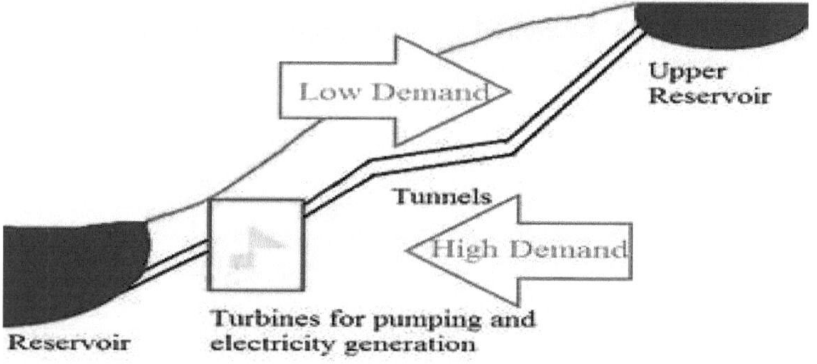

-

- **Armazenamento de baterias de iões de lítio:** O governo e os promotores estão a investir substancialmente na criação de enormes baterias de iões de lítio para armazenar energia nos períodos em que a oferta ultrapassa a procura. As tecnologias das baterias de lítio são diversas para responder às necessidades específicas de flexibilidade, modularidade e dimensão, além de serem relativamente pouco dispendiosas. No entanto, estas baterias degradam-se com o tempo e apresentam desafios únicos de gestão de incêndios.

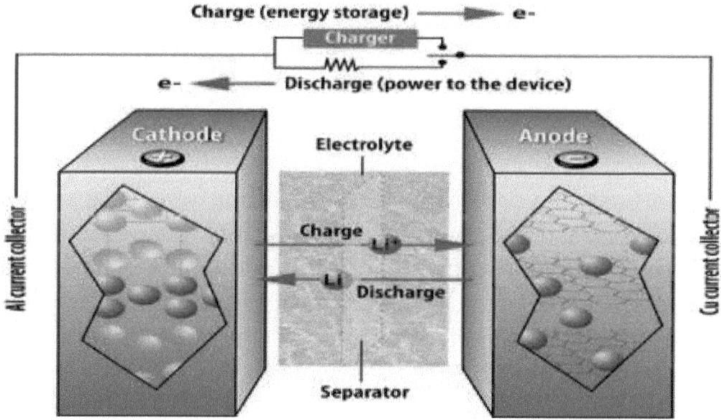

-

O maior sistema de armazenamento de energia em bateria do mundo até à data é o Moss Landing Energy Storage Facility, na

Califórnia. A primeira bateria de iões de lítio de 300 megawatts - composta por 4500 suportes de bateria empilhados - ficou operacional na instalação em janeiro de 2021.

- **Armazenamento em baterias de fluxo:** As células das baterias de fluxo consistem em dois líquidos carregados separados por uma membrana. A energia eléctrica excedente é utilizada para "reduzir" o estado de carga do líquido de um e "oxidar" o do outro para armazenar energia de forma eficiente. O processo é depois invertido para recuperar a eletricidade com baixas perdas. Esta operação de redução-oxidação em fluxo - conhecida como "fluxo redox" - permite que as baterias armazenem grandes quantidades de energia durante longos períodos e sejam submetidas a vários ciclos sem degradação. No entanto, têm uma pegada de projeto relativamente grande.

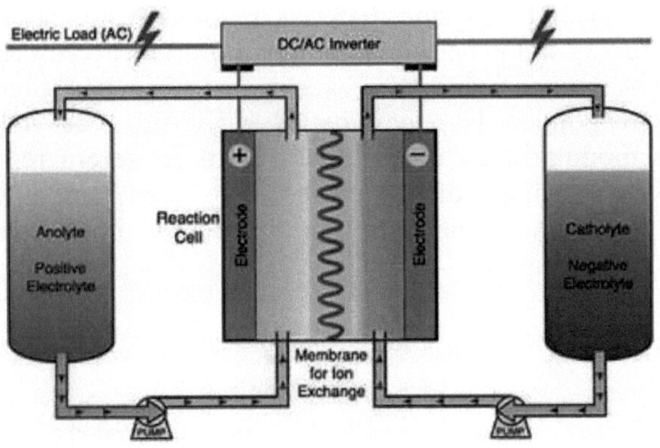

- **Armazenamento de energia térmica e de transição de fase:** Embora não se limite às energias renováveis, o armazenamento do excesso de energia sob a forma de calor a longo prazo constitui uma enorme oportunidade para a indústria, onde a maior parte do calor dos processos utilizados nos sectores alimentar e das bebidas, têxtil ou farmacêutico provém da queima de combustíveis fósseis.

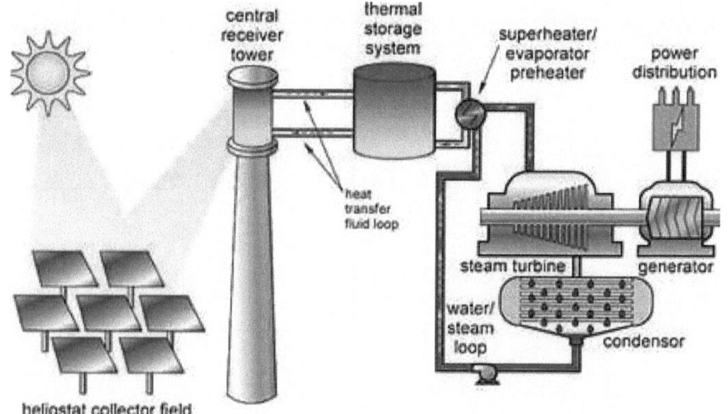

- **Liquefação de rochas ou sobreaquecimento de misturas de areia e água**: podem ser utilizadas para armazenar energia térmica.

As tecnologias de armazenamento de energia térmica incluem [7, 8]:

- **Armazenamento de energia na transição líquido-ar**: A eletricidade excedente da rede é utilizada para arrefecer o ar ambiente até ao ponto em que este se liquefaz. Este "ar líquido" é então transformado novamente em gás, expondo-o ao ar ambiente ou utilizando o calor residual para recolher eletricidade do sistema. O gás em expansão pode então ser utilizado para alimentar turbinas, produzindo eletricidade conforme necessário.

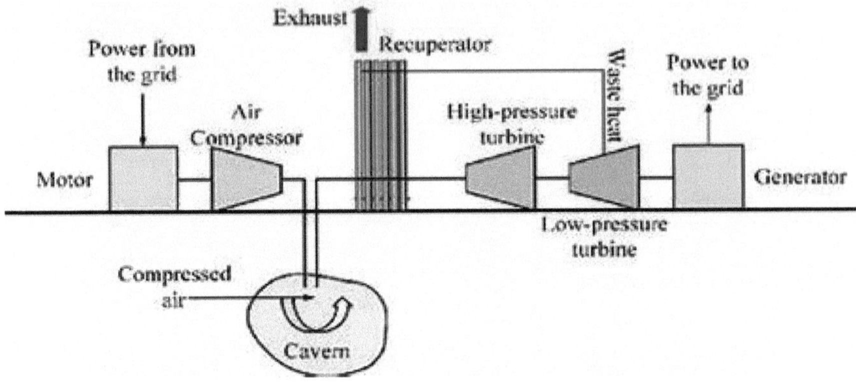

- **Baterias térmicas de areia**: Investigadores finlandeses desenvolveram e instalaram a primeira "bateria de areia" totalmente funcional do mundo, que pode armazenar energia durante meses a fio. Utilizando areia de baixa qualidade, o dispositivo é carregado com calor produzido a partir de eletricidade barata proveniente da energia solar ou eólica. Armazena o calor a cerca de 500°C, que pode depois aquecer as casas no inverno, quando a energia é mais cara.

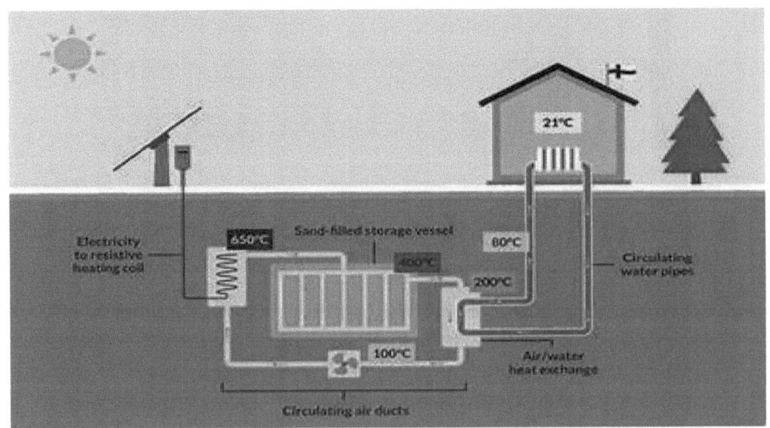

- **Armazenamento mecânico de energia:** Este tipo de armazenamento de energia converte a energia potencial de gases altamente comprimidos, massas pesadas elevadas ou equipamento cinético de rotação rápida. Os diferentes tipos de tecnologia de armazenamento de energia mecânica incluem:

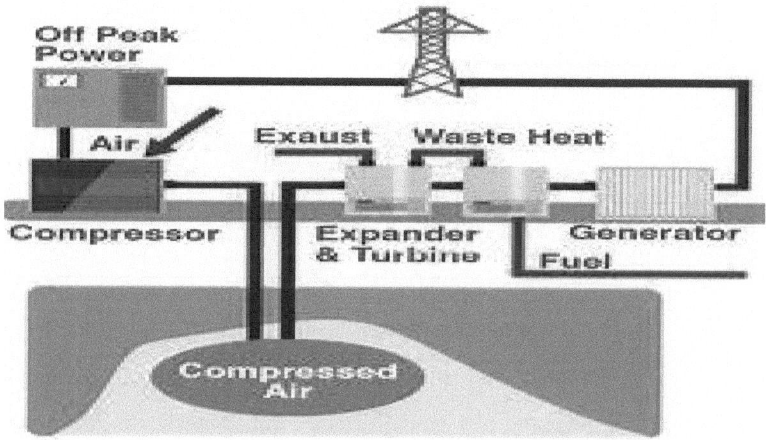

- **Armazenamento de energia por ar comprimido:** O armazenamento de energia por ar comprimido existe desde a década de 1870 como uma opção para fornecer energia às cidades e indústrias a pedido. O processo envolve a utilização de eletricidade excedente para comprimir o ar, que pode depois ser descomprimido e passar por uma turbina para gerar eletricidade quando necessário. Este tipo de sistema de armazenamento pode ser utilizado em conjunto com um parque eólico, puxando o ar e criando um sistema de alta pressão numa série de enormes câmaras subterrâneas.
- Quando a velocidade do vento diminui ou a procura de eletricidade aumenta, o ar pressurizado é descarregado para turbinas ou geradores de energia [9].

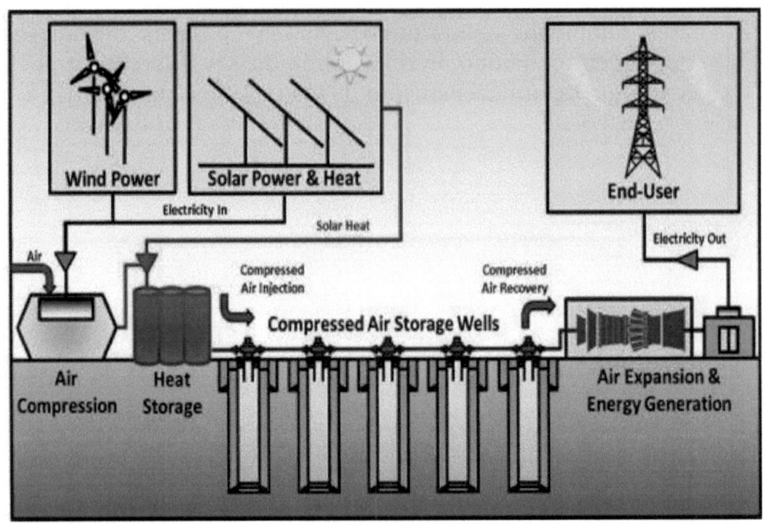

- **Armazenamento por gravidade:** Uma "bateria de gravidade" funciona utilizando o excesso de energia eléctrica da rede para elevar uma massa, como um bloco de betão, gerando energia potencial gravitacional. Quando é necessária energia eléctrica, a massa é baixada, convertendo esta energia potencial em energia através de um gerador elétrico.

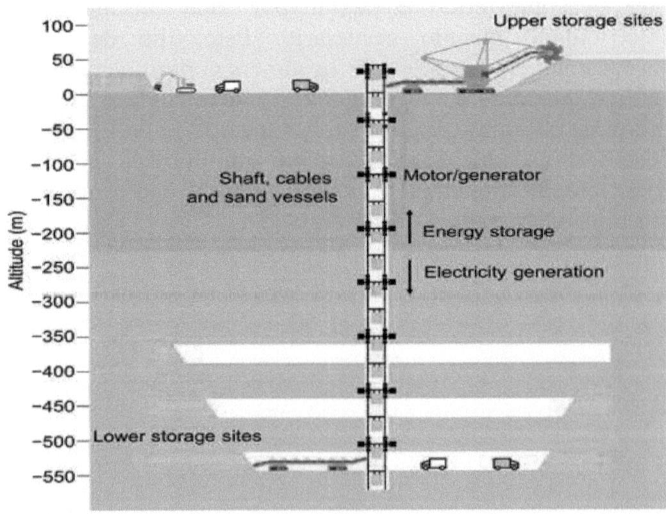

- **Hidroeletricidade por bombagem**: é um tipo de armazenamento por gravidade, uma vez que a água é libertada a partir de uma altitude mais elevada para produzir energia.

- **Armazenamento de energia por volante de inércia:** Os dispositivos de armazenamento de energia em volantes de inércia transformam a energia eléctrica excedente em energia cinética sob a forma de pesadas rodas de alta velocidade.
- rodas giratórias. Para evitar perdas de energia, as rodas são mantidas num vácuo sem fricção por um campo magnético, permitindo que a fiação seja gerida de forma a criar eletricidade quando necessário.

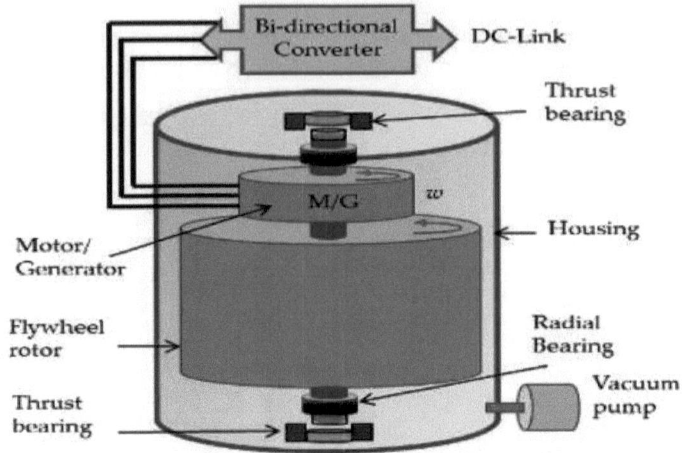

Flywheel battery system structure

Esta tecnologia tem várias vantagens sobre os sistemas convencionais de armazenamento de energia, tais como a geração eléctrica direta através de indução sem contacto, pouca manutenção, longa vida útil e poucos efeitos ambientais [10, 11]:

- **Armazenamento elétrico de calor por bombagem:** A acumulação de calor por bombagem utiliza a eletricidade excedente para alimentar uma bomba de calor que transporta o calor de um "armazém frio" para um "armazém quente" - semelhante ao funcionamento de um frigorífico. A bomba de calor pode então ser comutada para recuperar a energia, retirando-a do armazém quente e colocando-a no armazém frio.

Uma das vantagens deste sistema é que reage consideravelmente mais rápido do que outros sistemas de armazenamento, actuando em poucos minutos.

- **Eletrólise do hidrogénio:** A eletrólise do hidrogénio produz gás hidrogénio através da passagem de corrente eléctrica excedentária por uma solução química. Este gás hidrogénio é então comprimido para ser armazenado em reservatórios subterrâneos. Quando necessário, este processo pode ser invertido para produzir eletricidade a partir do hidrogénio armazenado [12].

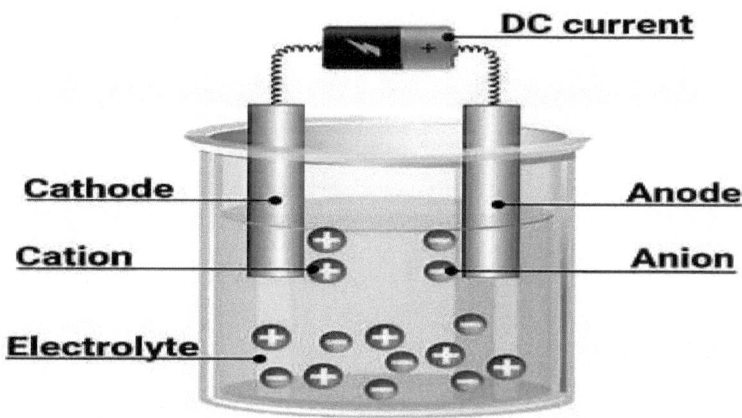

- O hidrogénio pode ser armazenado fisicamente como gás ou líquido e até mesmo aderido diretamente a sólidos. Como gás, o armazenamento do hidrogénio requer tanques de alta pressão, enquanto o hidrogénio líquido requer armazenamento a temperaturas criogénicas para evitar que volte a ferver e se transforme em gás.

- O hidrogénio pode também ser armazenado na superfície de materiais sólidos (conhecido como adsorção) ou no seu interior (conhecido como absorção).

- Está também a ser desenvolvida uma tecnologia de armazenamento subterrâneo de hidrogénio que pode reinfundir a geologia da terra para armazenar com segurança grandes volumes de hidrogénio verde.

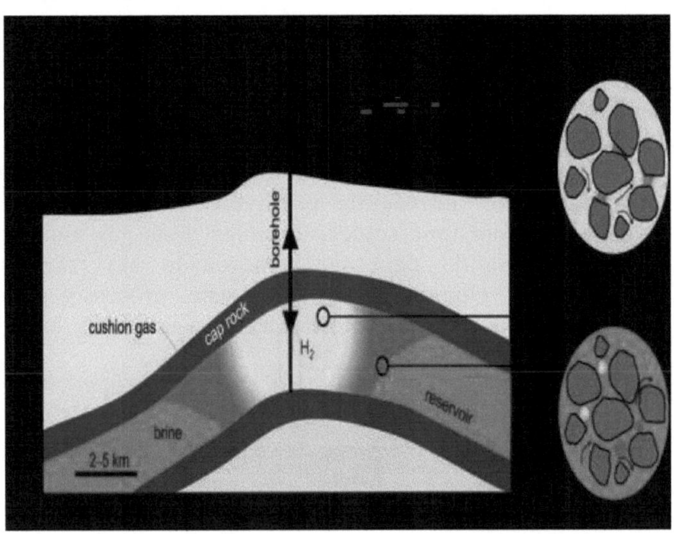

1.4. Energia líquida zero: Armazenamento de energia de longa duração para uma rede renovável

À medida que o mundo transita para sistemas de energia descarbonizados, as tecnologias emergentes de armazenamento de energia de longa duração serão fundamentais para apoiar a implantação em larga escala de fontes de energia renováveis [13].

No momento em que o mundo reflecte sobre a forma de definir o caminho para limitar o aumento das temperaturas globais através da redução das emissões de gases com efeito de estufa, é amplamente reconhecido que o sector da produção de energia tem um papel central a desempenhar. Responsável por um terço do total das emissões globais de carbono, o papel do sector é, de facto, duplamente crucial, uma vez que a descarbonização do resto da economia depende vitalmente da procura crescente de eletricidade renovável (por exemplo, em veículos eléctricos e aquecimento residencial).

A maioria das projecções sugere que, para que os objectivos climáticos mundiais sejam atingidos, o sector da energia tem de se descarbonizar totalmente até 2040. E a boa notícia é que a indústria energética global está a dar passos gigantescos no sentido da redução das emissões, passando da produção de energia alimentada por combustíveis fósseis para a energia predominantemente eólica e solar fotovoltaica (PV). No entanto, o aumento da quota-parte das energias renováveis no cabaz energético traz consigo novos desafios. Entre eles, destacam-se as tensões estruturais na infraestrutura existente de produção, transporte e distribuição de energia, criadas pelos novos fluxos de eletricidade e pela variabilidade inerente às energias renováveis, incluindo potenciais desequilíbrios na oferta e na procura, alterações nos padrões de fluxo de transporte e potencial para uma maior instabilidade do sistema.

As várias novas tecnologias LDES encontram-se em diferentes níveis de maturidade e de preparação para o mercado, mas estão a suscitar um interesse sem precedentes por parte dos governos, dos serviços públicos e dos operadores de transporte, e o investimento no sector está a aumentar rapidamente: mais de cinco gigawatts (GW) e 65 gigawatts-hora (GWh) de capacidade LDES foram anunciados ou estão já operacionais [14].

A escala destes números reflecte os múltiplos casos de utilização das tecnologias LDES e o papel central que podem desempenhar para equilibrar o sistema elétrico e torná-lo mais eficiente. Estes incluem o apoio à estabilidade do sistema, o reforço dos acordos de compra de energia das empresas e a otimização da energia para as indústrias com redes remotas ou pouco fiáveis. No entanto, espera-se que a maior parte da implantação esteja relacionada com as tarefas centrais de transferência de energia, fornecimento de capacidade e otimização da transmissão e distribuição (T&D) em sistemas de energia a granel.

Consequentemente, embora as novas tecnologias LDES sejam ainda incipientes, a sua implantação poderá acelerar rapidamente nos próximos anos. O nosso modelo prevê a instalação de 30 a 40 GW de capacidade de produção de eletricidade e de um TWh de capacidade de energia até 2025, num cenário de rápida descarbonização [15].

Um marco importante para a LDES é alcançado quando as energias renováveis (ER) atingem 60 a 70 por cento de quota de mercado em sistemas de energia a granel, o que muitos países com grandes ambições climáticas pretendem alcançar entre 2025 e 2035. Isto incluiria provavelmente o Reino Unido, os Estados Unidos e muitos outros países desenvolvidos que assumiram compromissos líquidos zero antes da Conferência sobre Alterações Climáticas COP26 em Glasgow, em novembro. Esta penetração das ER catalisa a implantação generalizada de LDES como a solução de flexibilidade de menor custo [16].

Tudo isto significa que, a curto e médio prazo, será necessária uma ação governamental para arrancar com um mercado de LDES, reduzindo os custos, mobilizando o capital de investimento necessário e criando um ecossistema de mercado que permita aos investidores obter um rendimento atrativo das LDES. Os decisores políticos podem ajudar de três formas [17]:

- O planeamento do sistema a longo prazo, incluindo objectivos claros para a quota-parte das energias renováveis no cabaz de produção de energia e para a infraestrutura necessária para manter a estabilidade do sistema, é fundamental para reforçar a confiança dos investidores. Já estão em curso exemplos deste tipo na Califórnia e em New South Wales, entre outros locais.

- O apoio governamental às primeiras implantações de LDES ajudaria a reduzir o risco do mercado para os investidores e permitiria a sua expansão. Programas de apoio dedicados a instalações de demonstração em grande escala garantiriam que essas tecnologias pudessem atingir todo o seu potencial tecnológico e de redução de custos e que novos mecanismos de mercado pudessem ser testados. Os exemplos incluem o Reino Unido, onde o governo lançou um concurso de demonstração de LDES de 100 milhões de dólares no início de 2021 para acelerar a comercialização do projeto, e os Estados Unidos, onde o Departamento de Energia está a supervisionar um programa de mil milhões de dólares (Earth-shot) para reduzir os custos dos sistemas LDES com mais de dez horas de capacidade de armazenamento em 90% em dez anos [18].
- A criação de modelos de mercado favoráveis, tais como mecanismos de capacidade e políticas que captem o valor total da LDES, permitiria aos investidores obterem retornos de investimento com um risco aceitável. Atualmente, tal não é possível, uma vez que os mercados de energia são, na sua maioria, de curto prazo; os sinais de mercado multi-dia e multi-semana são fracos em comparação com os intradiários; e os regimes de compensação pela redução do carbono não existem ou são insuficientes para compensar os investidores pelo financiamento adicional. Mas alguns dos pioneiros - incluindo a Califórnia e o Arizona - produziram exemplos de legislação explicitamente concebida para satisfazer as necessidades do LDES. O Arizona lançou um programa de incentivos estruturado para encorajar durações mais longas, oferecendo incentivos para tecnologias de armazenamento com mais de cinco horas de descarga [19].

Juntas, essas medidas ajudarão a garantir que a transição energética seja alcançada com o menor custo para a sociedade. As projecções do estudo mostram que, com implantações precoces e um ecossistema de mercado favorável, as aplicações LDES podem atingir taxas internas de rentabilidade (TIR) muito acima das taxas de referência dos investidores até 2025 - comparáveis às TIR de referência dos actuais projectos energéticos maduros [20].

Os benefícios para a sociedade da implantação de LDES em grande escala, à medida que a energia solar fotovoltaica e a energia eólica se tornam as fontes dominantes de energia, são óbvios: as alternativas são mais caras; e não investir na flexibilidade do sistema à medida que a parte renovável do cabaz energético aumenta seria uma receita para uma grande instabilidade no fornecimento de eletricidade [21].

1.5. Controlo do armazenamento de energias renováveis

O armazenamento de energia, enquanto componente importante e regulado das redes eléctricas, pode fornecer um abastecimento de energia a curto prazo que permite uma comutação contínua fora da rede [22]. As tecnologias de armazenamento de energia têm sido consideradas como um fator essencial para facilitar a absorção de energias renováveis, melhorar o controlo da rede e garantir a segurança e a rentabilidade dos serviços da rede eléctrica [23]. As aplicações das técnicas de IA abrangem muitos aspectos, incluindo a estimativa de parâmetros, o desenho de otimização e o controlo operacional do armazenamento de energia e da integração das FER [24]. Zhou et al. [25] propuseram um modelo de previsão cinzento baseado na correção de erros para prever o armazenamento de energias renováveis. Este modelo assegurou a precisão da previsão a longo prazo sobre o tempo de vida útil restante da bateria de iões de lítio e da célula de combustível. Considerando os resultados da previsão, a manutenção do armazenamento de energia renovável pode ser programada mais cedo. Zangeneh et al. [26] propuseram um FLC inteligente de entradas e saídas múltiplas para gerir o funcionamento de um HRES (como se mostra na Figura) que inclui um painel fotovoltaico, uma caixa de baterias de iões de lítio e acesso à rede eléctrica. O controlador proposto assegura que a bateria é carregada por energia solar ou pela rede eléctrica e descarregada em condições meteorológicas especiais.

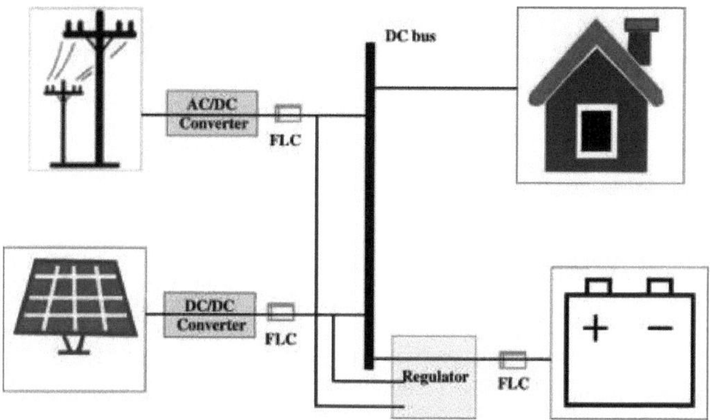

O sistema híbrido de energia estudado.

Propõe-se um sistema centralizado de gestão de energia com controlo de supervisão e aquisição de dados para minimizar a troca de energia entre uma micro-rede e a rede principal, controlando o armazenamento de energia no sistema de armazenamento de energia da bateria [27]. O sistema proposto reduziu a fatura mensal de eletricidade em ~87% e conduziu a um sistema de edifício de energia quase nula. Além disso, discute-se a possibilidade de utilizar o armazém refrigerado como um centro inteligente dentro da rede eléctrica para aumentar a eficiência do armazenamento de energia criogénica e, assim, garantir a sustentabilidade da rede eléctrica ao integrar energias renováveis na mesma. O arranjo do sistema proposto é ilustrado na Figura.

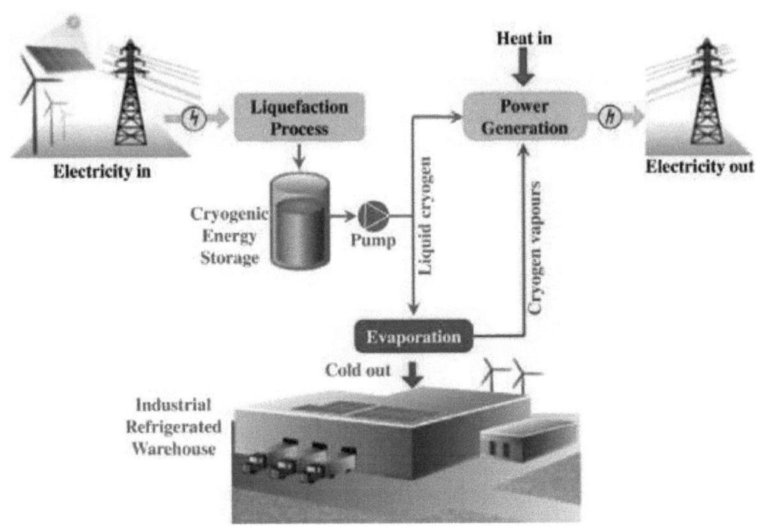

Integração do armazém frigorífico em FER e armazenamento criogénico de energia.

1.6. Nanomateriais para armazenamento de energia

Na secção anterior, foi discutida a necessidade de investigação e inovação no domínio das energias renováveis para reduzir as emissões de CO2, o que suscitou o interesse de muitos investigadores em dispositivos de armazenamento. Este tornou-se atualmente um componente muito importante do desenvolvimento sustentável. Atualmente, são poucos os materiais que têm aplicação para armazenar a energia durante um período de tempo mais longo. Assim, o armazenamento de energia é considerado um fator dominante nas centrais de produção de energias renováveis. Atualmente, a energia solar e a energia eólica são as mais utilizadas para produzir eletricidade. No entanto, o principal problema que a comunidade de investigação enfrenta é a instalação e a utilização desta tecnologia para fins domésticos de pequena escala, o que implica um custo mais elevado de armazenamento de energia. Atualmente, têm sido utilizadas muitas tecnologias em sistemas de energia eléctrica, como o armazenamento químico ou eletroquímico, mecânico, eletromagnético ou térmico, etc. [28]. Por conseguinte, para desenvolver dispositivos de armazenamento de energia renovável, é necessário um melhor meio de armazenamento de energia e um sistema de conversão de energia eficiente para equilibrar a central eléctrica. Para o desenvolvimento de dispositivos de armazenamento eletroquímico, é necessário prosseguir a investigação e o desenvolvimento. Na tecnologia fotovoltaica, estão a ser utilizadas baterias de NieCd, NieZn e à base de ácido de chumbo para armazenar a energia. No entanto, esses dispositivos de armazenamento de carga têm propriedades como a eficiência de carga ou descarga, baixa auto-descarga, longa vida útil sob carga-descarga cíclica, etc. [28]. Por conseguinte, é urgente desenvolver materiais novos e avançados para dispositivos e sistemas de armazenamento de energia, a fim de satisfazer as necessidades das indústrias e das centrais de produção de energia. A figura mostra as vantagens globais de tecnologias novas e ecológicas (como a iluminação de estado sólido (SSL), as células de combustível (FC), as células solares e os dispositivos de armazenamento) para proteger o nosso adorável planeta.

Tecnologia verde para a segurança do ambiente.

Para equilibrar as questões relacionadas com os métodos convencionais de produção de energia e a atual procura de energia, o desenvolvimento de sistemas avançados de produção de energia baseados em fontes de energia renováveis (FER) está a atrair uma grande atenção como solução ecológica para o desenvolvimento sustentável [29]. Assim, as fontes de energia renováveis têm o potencial para satisfazer a procura global de energia. Podem também ser utilizadas sem qualquer custo para os recursos [30]. Nas últimas décadas, as FER ganharam uma importância crescente devido às suas caraterísticas de não emitirem carbono, de serem amigas do ambiente e de serem inesgotáveis.

1.7. Acoplado ao armazenamento de energia por ar comprimido

O sistema de armazenamento de energia por ar comprimido (CAES), que foi inicialmente introduzido comercialmente em Huntorf, na Alemanha, em 1978, é um tipo de armazenamento de eletricidade durante períodos de baixa procura, para ser utilizado para fazer funcionar a turbina em centrais eléctricas sempre que necessário [31]. Por outras palavras, este método de armazenamento de energia renovável é uma abordagem para ajudar os fotovoltaicos e as turbinas eólicas que estão a lidar com fontes intermitentes de energia renovável a compensar a flutuação da procura de energia [32]. Num ciclo Brayton, as energias renováveis podem ser utilizadas para fornecer a energia necessária ao funcionamento do compressor; no entanto, tanto a energia solar como a eólica são intermitentes e não há garantia de funcionamento constante do compressor durante as horas de maior procura do dia, sobretudo à noite. Assim, os sistemas CAES podem ser uma fonte alternativa de energia promissora, apresentando uma eficiência de 59% na ida e na volta.

O princípio dos sistemas CAES consiste em utilizar os compressores durante os períodos de baixa procura de energia para produzir ar a alta pressão e armazená-lo num tanque separado para ser utilizado no funcionamento do ciclo Brayton durante o pico da procura com impactos ambientais negligenciáveis [33]. No entanto, antes de o ar entrar na turbina a gás, deve ser aquecido para atingir uma temperatura razoável que contenha energia suficiente para a produção de eletricidade [34]. Assim, os sistemas CAES são classificados em três categorias diferentes, nomeadamente sistemas CAES diabáticos, adiabáticos e isotérmicos. Num sistema CAES adiabático, o calor da compressão do ar perde-se para o ambiente sem qualquer recuperação e é necessário queimar combustível fóssil para aquecer o ar comprimido [34]. Num sistema CAES adiabático, o calor do trabalho do compressor é armazenado num material TES e será devolvido ao ar comprimido durante o processo de descarga; assim, o ar aquecido atingirá a temperatura necessária ao passar pela unidade TES durante a parte de descarga e a necessidade de combustível fóssil e queimador será eliminada [35]. Por último, num sistema CAES isotérmico, a compressão deve ser efectuada com um pistão, de forma muito lenta, para se conseguir realizar uma compressão isotérmica do ar (sem desperdício de energia) [36].

De acordo com a literatura, os valores de eficiência de recuperação de energia dos sistemas CAES diabáticos, adiabáticos e isotérmicos podem atingir 50%, 70% e 95%, respetivamente (em teoria, a eficiência dos sistemas CAES do tipo adiabático perfeito e isotérmico absoluto é de

100%; no entanto, na prática, há sempre uma perda inevitável de calor para o ambiente) [37]. A figura mostra o esquema de um sistema CAES adiabático [38]. Como se indica, duas unidades TES são carregadas durante o funcionamento dos compressores (para utilizar o calor do ar de saída) e depois o calor armazenado é devolvido ao ar comprimido durante o processo de descarga, antes de o ar entrar na primeira turbina. Além disso, é utilizada uma unidade TES de alta temperatura para atingir a temperatura do ar comprimido até ao valor desejado na entrada da segunda turbina.

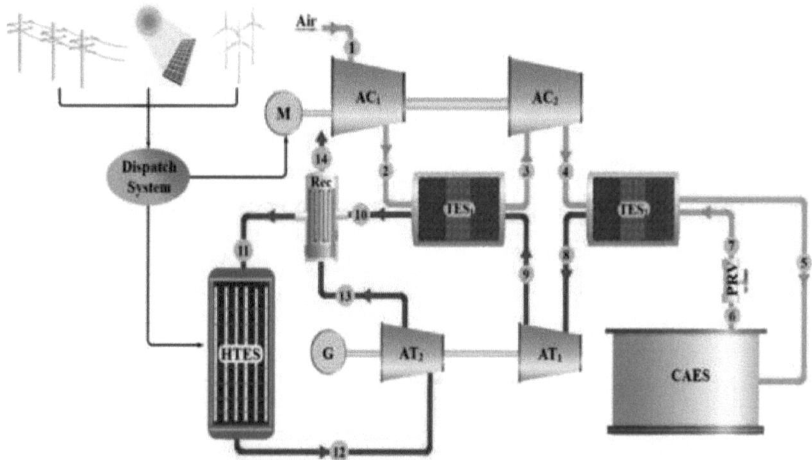

Esquema de um sistema CAES adiabático baseado em energias renováveis.

1.8. Combustíveis renováveis num sistema integrado de energias renováveis

As fontes de energia renováveis, como as baseadas na energia eólica e solar, estão limitadas na sua capacidade de satisfazer a procura atual e futura de energia, não pelo potencial de recursos, que no caso da energia eólica e solar é muitas vezes superior à procura atual, mas pela natureza intermitente do fornecimento. Para escapar a este enigma, são necessários sistemas de armazenamento em grande escala. A biomassa é uma forma de armazenamento em grande escala da energia solar, mas, embora possa fazer parte de um sistema sustentável, não o pode sustentar.

Para além da síntese pronta do metanol a partir do CO_2 e do hidrogénio, o metano também pode ser produzido a partir das mesmas matérias-primas através do processo Sabatier. O metano tem então a vantagem de poder ser armazenado na rede de gás, o que, para a maioria dos países desenvolvidos, excede largamente a capacidade dos actuais meios de armazenamento de energias renováveis (p. ex., a energia hidroelétrica bombeada) ou dos sistemas propostos, como os grandes volantes de inércia ou as células de combustível redutoras. Sterner (2009), Specht et al. (2009) e Breyer et al. (2011) descrevem um conceito deste tipo, em que o metano sintetizado é armazenado e prontamente recuperável para suavizar o fornecimento de energia renovável através da conversão em energia eléctrica por combustão em centrais eléctricas convencionais. A este processo é dado o nome de "metano de energia renovável" (RPM), e o seu funcionamento num sistema de energia renovável baseado em energia eólica, solar e biomassa foi modelado durante um período de uma semana, com uma resolução de uma hora, com base numa procura de carga de inverno. Prevê-se que a eficiência da conversão de energia renovável em metano seja de 48% (Sterner, 2009; Specht et al., 2009), utilizando valores de energia medidos para a captura e concentração de CO_2 do ar de 430 kJ/mol, um valor realista que pode ser alcançado com a atual tecnologia "pronta a utilizar" e rentável.

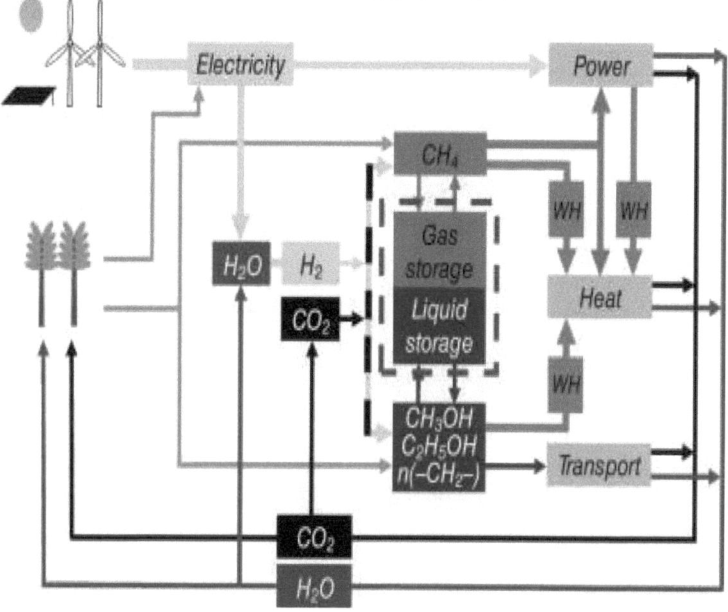

Sistema integrado de eletricidade, calor e transportes com capacidade de armazenamento de energia em grande escala e combinação de metano renovável e combustíveis líquidos e a utilização de energias renováveis e de biomassa.

1.9. Caraterísticas e desempenho de baterias de fluxo Redox híbridas com eléctrodos negativos de zinco para armazenamento de energia

1.9.1. Armazenamento de energia e sustentabilidade

A necessidade de energias renováveis decorre da constatação de que as fontes de abastecimento de combustíveis fósseis se estão a esgotar rapidamente, com impactos ambientais adversos, juntamente com o aumento cada vez maior do consumo de energia devido ao crescimento da população mundial e à procura de padrões de vida mais elevados [39]. As energias renováveis podem ser produzidas por vários meios: solar, eólica, hidroelétrica, maremotriz, geotérmica e biomassa. A integração destas tecnologias isentas de carbono na rede eléctrica contribui para um aprovisionamento energético seguro, fiável, flexível, acessível e sustentável, essencial para o desenvolvimento contínuo de uma sociedade moderna [40]. Várias instituições reconheceram a importância desta questão, como a Comissão Europeia, que lançou uma diretiva relativa às energias renováveis para 2020, propondo que 20% do consumo de energia na UE seja proveniente de fontes renováveis. Esta diretiva foi agora complementada por uma proposta publicada em 2016 para que a percentagem do consumo de energia proveniente de energias renováveis aumente para 27% até 2030. Do mesmo modo, a Administração Nacional de Energia da China (NEA) estabeleceu um objetivo ambicioso para que 50% do consumo de energia na China seja gerado por fontes renováveis até 2020.

Normalmente, a produção de energia a partir de fontes renováveis é efectuada a uma escala muito menor do que a das centrais eléctricas convencionais, normalmente entre quilowatts e megawatts, com vários níveis de aplicação, desde pequenas comunidades fora da rede até ao armazenamento à escala da rede [18]. Estes requisitos são satisfeitos de forma adequada pelas baterias de fluxo redox (RFB), desenvolvidas pela primeira vez pela NASA na década de 1970 [41] como uma tecnologia de armazenamento de energia eléctrica. As RFB provaram ser capazes de apoiar a transmissão e a distribuição de energia renovável de forma eficiente dentro da rede devido à sua elevada eficiência de ciclo, duração nominal razoável, longa vida útil fiável e flexibilidade em termos de localização geográfica [42]. Para além das aplicações em energias renováveis, as RFB são também adequadas para serviços de resposta em frequência e UPS, devido ao seu rápido tempo de resposta, na ordem dos segundos. Outras vantagens das RFBs, que incluem a sua capacidade de funcionar à temperatura e pressão ambiente, a ausência de emissões nocivas, a segurança em comparação com as baterias de iões de lítio e a maior eficiência em comparação com as células de eletrólise, tornam-nas ideais para soluções de armazenamento de energia em média e grande escala [43].

1.10. Baterias de fluxo Redox à base de zinco

Recentemente, o par redox Zn(II)/Zn tem recebido um interesse considerável como reação de elétrodo negativo em várias RFBs para armazenamento de energia renovável. Algumas das vantagens da utilização deste par redox incluem: um elétrodo padrão negativo, a elevada solubilidade dos iões Zn(II), uma cinética rápida, bem como o baixo custo, a abundância e a possibilidade de reciclagem dos compostos de zinco. Dependendo da química do RFB, a reação de eletrodeposição e dissolução pode ter lugar em meios ácidos ou alcalinos, respetivamente:

(1)Zn2++ 2e-Carga⇄DescargaZn(s) E0=-0,76Vvs.SHE
(2)Zn(OH)4-2-+2e-Carga⇄DescargaZn(s)+4OH-E0=-1,25Vvs.SHE

Os potenciais padrão das reacções comuns do elétrodo positivo e das reacções parasitas em RFBs de zinco são apresentados na Tabela. Verifica-se que são possíveis numerosos produtos químicos de RFB com electrólitos ácidos e alcalinos, como se mostra na tabela. Em geral, estes sistemas permitem obter potenciais de célula elevados em comparação com outros RFB propostos. Termodinamicamente, a principal reação concorrente é a evolução do H2 no elétrodo de Zn, pelo que só é possível obter eficiências coulombianas elevadas se este processo for inibido. A evolução de H2 também deve ser evitada durante o circuito aberto, uma vez que pode resultar em auto-descarga através da redução de protões.

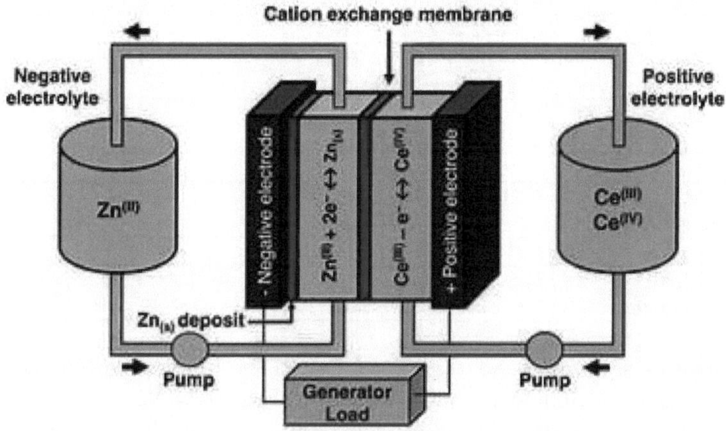

Diagram of the Divided Zinc-Cerium Flow Battery

Reacções positivas do elétrodo encontradas em RFBs à base de zinco e os seus potenciais redox padrão.

Reação do elétrodo	Potencial de elétrodo padrão, E0 vs. SHE/V
Ce4+ + e- ⇄ Ce3+	+1.74
O2 + 4H+ + 4e- ⇄ 2H2O	+1.23
Br2 + 2e- ⇄ 2Br-	+1.06

$VO_2^+ + 2H^+ + e^- \rightleftarrows VO^{2+} + H_2O$	+1.00
$Fe^{3+} + e^- \rightleftarrows Fe^{2+}$	+0.77
$I_3^- + 2e^- \rightleftarrows 3I^-$	+0.54
$2NiO(OH) + 2H_2O + 2e^- \rightleftarrows 2Ni(OH)_2 + 2OH^-$	+0.49
$O_2 + 2H_2O + 4e^- \rightleftarrows 4OH^-$	+0.40
$Fe(CN)_6^{3-} + e^- \rightleftarrows Fe(CN)_6^{4-}$	+0.36
$2H^+ + 2e^- \rightleftarrows H_2$	0.00

Reacções celulares selecionadas relevantes para as RFBs à base de zinco propostas juntamente com o seu potencial celular padrão.

Tipo de célula	Reação da célula de descarga	Potencial celular padrão, E0cell/V
Zn-Ce	$Zn + 2Ce^{4+} \rightleftarrows Zn^{2+} + 2Ce^{3+}$	2.48
Zn-Cl2	$Zn + Cl_2 \rightleftarrows Zn^{2+} + 2Cl^-$	2.12
Zn-Br2	$Zn + Br_2 \rightleftarrows Zn^{2+} + 2Br^-$	1.82
Zn-V	$Zn + 2VO_2^+ + 4H^+ \rightleftarrows Zn^{2+} + 2VO^{2+} + 2H_2O$	1.76
Zn-Ni	$Zn + 2NiO(OH) + 2H_2O + 2OH^- \rightleftarrows 2Ni(OH)_2 + Zn(OH)_4^{2-}$	1.71
Zn-ar	$2Zn + O_2 \rightleftarrows 2ZnO$	1.65
Zn-ferricianeto	$Zn + 2Fe(CN)_6^{3-} + 4OH^- \rightleftarrows 2Fe(CN)_6^{4-} + Zn(OH)_4^{2-}$	1.61
Zn-Fe	$Zn + 2Fe^{3+} \rightleftarrows Zn^{2+} + 2Fe^{2+}$	1.53
Zn-poliiodeto	$Zn + I_3^- \rightleftarrows Zn^{2+} + 3I^-$	1.30

Como se mostra na figura, várias RFBs tiraram partido destas propriedades, exibindo os potenciais de célula mais elevados entre os sistemas aquosos, que são pelo menos 400 mV mais elevados do que a célula totalmente de vanádio na maioria dos casos. No entanto, as RFB baseadas em Zn comprometem a eficiência de carregamento relativamente baixa, a difícil eletrodeposição uniforme de zinco e algum grau de auto-descarga. A eletrodeposição controlada de zinco é fundamental para produzir depósitos compactos e sem dendrite, cobrindo uniformemente o lado negativo dos eléctrodos bipolares, de modo a evitar curto-circuitos. Do mesmo modo, é necessária uma dissolução (oxidação) uniforme e eficiente do depósito metálico para evitar a sua acumulação durante os ciclos repetidos da bateria.

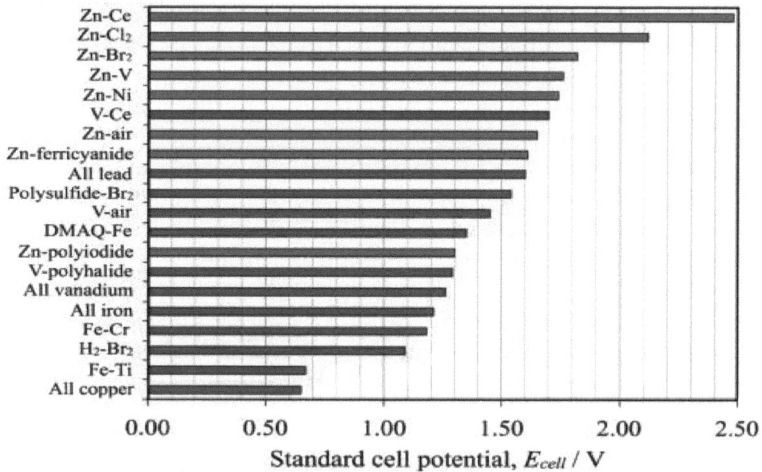

Potencial de célula padrão de baterias de fluxo redox aquosas selecionadas. Todo o cobre [32], Fe-Ti [33], H2-Br2 [28], Fe-Cr [34], todo o ferro [35], todo o vanádio [36], V-polihaleto [36], Zn-poliiodeto [31], DMAQ-Fe[37], V-O2 [28], polissulfureto-Br2 [38], totalmente em chumbo [39], Zn-ferricianeto [29], Zn-ar [28], V-Ce [40], Zn-Ni [27], Zn-V [26], Zn-Br2 [25], Zn-Cl2 [24], e Zn-Ce [41].

A figura apresenta uma cronologia da evolução das baterias recarregáveis de zinco. Estas pilhas têm uma longa história e, em alguns casos, atingiram uma elevada fiabilidade, por exemplo, as clássicas pilhas de zinco/carbono de Leclanché [42, 43]. As pilhas de níquel/zinco e de zinco/ar são também bem conhecidas. No domínio das RFB, o sistema zinco-bromo é o mais investigado e comercializado, com quase 40 anos de desenvolvimento [44]. Em contraste, as RFBs de zinco-ar e zinco-cério continuam a ser investigadas, enquanto as RFBs de zinco-níquel têm potencial para serem desenvolvidas em células económicas e indivisíveis. Nos últimos anos, assistiu-se a uma diversidade de novos produtos químicos, como o zinco-ferro ou o poli-iodeto de zinco

Um resumo do desempenho típico de RFBs à base de Zn selecionados é apresentado na Tabela. É lamentável que alguns autores tenham apresentado dados de desempenho sem indicar explicitamente o estado de carga da célula ou os caudais de eletrólito normalizados. Prevêem-se tensões de célula elevadas para os sistemas Zn-Ce divididos e não divididos. Outras células que utilizam ar, níquel, bromo ou ferricianeto apresentam tensões celulares superiores à maioria dos produtos químicos que não utilizam Zn; embora seja possível obter elevadas eficiências energéticas a baixas densidades de corrente, a eficiência diminui a uma densidade de corrente operacional elevada. Nos reactores de fluxo eletroquímico, como as RFB, existem relações complexas entre o seu desempenho, a cinética do elétrodo, o fluxo do eletrólito e as condições operacionais, como se mostra na figura e se ilustra com exemplos nesta revisão. Ao contrário das baterias estáticas, em que a composição do elétrodo e do eletrólito são os principais factores que determinam o potencial e a corrente da célula, as RFB à base de Zn são regidas pelo regime de fluxo, uniformidade do depósito e estabilidade. A geometria do elétrodo e os aditivos do eletrólito para controlar a morfologia dos depósitos de zinco são fundamentais para a duração do ciclo. A gestão térmica das RFBs também é necessária e é normalmente conseguida tirando partido do fluxo de eletrólito através de um permutador de calor.

Comparação do desempenho médio de produtos redox de zinco selecionados
baterias de fluxo encontradas na literatura.

Zn RFB	Divisão celular	Potencial da célula em circuito aberto/V	Densidade da corrente mA.cm-2	% Eficiência energética	% Eficiência da tensão
Zn-Ce	**Não dividido**	**2.37**	**20**	**75**	**88**
Zn-Ce	**Dividido**	**1.86**	**50**	**43**	**63**
Zn-ferricianeto	**Dividido**	**1.74**	**35**	**76**	**84**
Zn-Ni	**Não dividido**	**1.73**	**10**	**80**	**88**
Zn-V	**Dividido**	**1.70**	**40**	**64**	**66**
Zn-Br2	**Dividido**	**1.67**	**20**	**77**	**98**
Zn-Fe	**Não dividido**	**1.53**	**25**	**68**	**80**
Zn-ar	**Dividido**	**1.32**	**20**	**72**	**74**
Zn-poliiodeto	**Dividido**	**1.26**	**20**	**91**	**91**

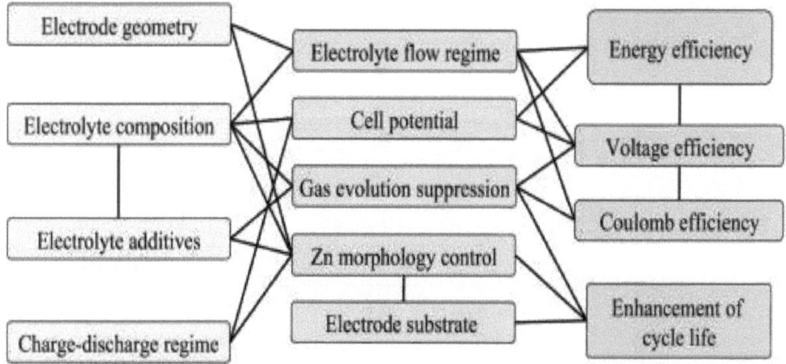

A complexa relação entre os materiais do elétrodo, a composição do eletrólito, as condições de funcionamento e o desempenho das baterias de fluxo negativo de zinco.

A figura descreve os RFBs à base de Zn mais comuns. Todos eles têm eléctrodos negativos de zinco, mas diferentes reacções positivas, algumas das quais ocorrem através de mudanças de fase, por exemplo, nos eléctrodos de difusão de gás (GDE). São utilizados diversos separadores tendo em conta o pH e a composição dos electrólitos, por exemplo, o Zn-Br2 tem um separador microporoso, o Zn-ar uma membrana aniónica, o Zn-Ce uma membrana catiónica e a célula Zn-Ni pode ser indivisível.

Durante a I&D e o aumento de escala de RFBs práticas, são efectuadas várias escolhas de conceção. Essas decisões determinarão o custo, a facilidade de fabrico, a eficiência, o tempo de ciclo e a viabilidade global do sistema de armazenamento eletroquímico de energia. Com base no atual estado da arte e nas novas tendências das RFBs à base de Zn. A figura ilustra algumas das opções possíveis para a geometria do elétrodo, a configuração da célula de fluxo, a composição do eletrólito, o substrato do elétrodo de zinco e o tipo de reação do elétrodo positivo. Como explicado nas secções seguintes, os eléctrodos planos são tradicionalmente utilizados para incentivar a eletrodeposição uniforme de zinco, mas a investigação tem considerado a implementação de eléctrodos 3-D.

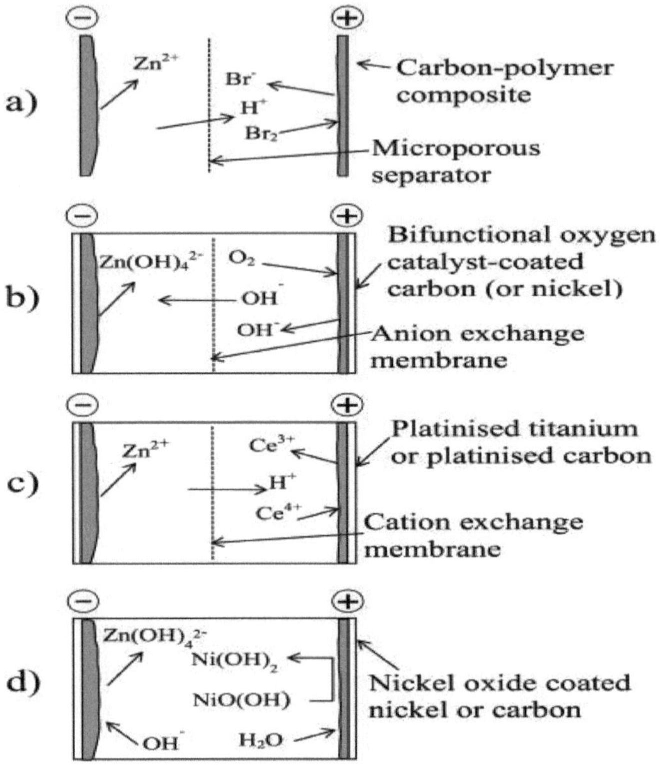

Quatro tipos de células de fluxo recarregáveis de elétrodo negativo de zinco, em que o zinco se dissolve como iões no eletrólito, mostrando a descarga primária processos: a) Célula de Zn-Br2 com uma membrana catiónica, envolvendo redução de iões tribrometo a iões brometo, b) uma célula de Zn-ar com uma membrana aniónica, envolvendo a redução do oxigénio a iões hidroxilo, c) uma célula Zn-Ce com uma membrana catiónica, envolvendo a redução de iões céricos a iões cerosos e d) uma célula Zn-Ni não dividida, envolvendo a redução de uma superfícic película de óxido de níquel.

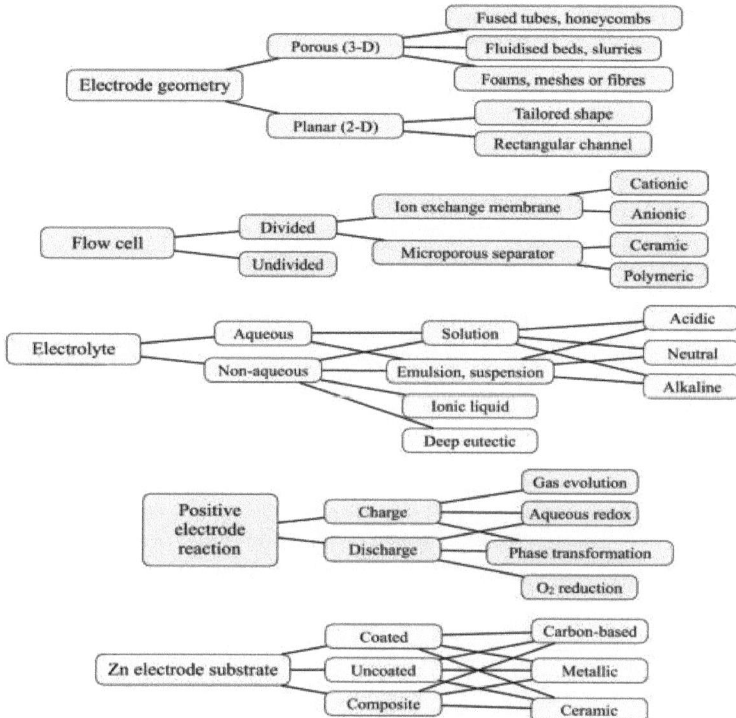

Diagramas que ilustram algumas das múltiplas concepções, materiais, e opções operacionais em dispositivos de fluxo negativo de zinco.

Considerações para a investigação futura sobre o armazenamento de energia.

Tipo de consideração	Dimensões específicas
Dimensões do material	Duração do armazenamento de energia Relação com recursos fixos Extensão/pegada espacial Dependência da água & pegada hídrica Dependência de recursos extraídos Análise do ciclo de vida
Dimensões sociopolíticas,	Propriedade da infraestrutura Propriedade da terra

territoriais e de governação	Propriedade dos direitos da água Sobreposição espacial com terras tribais Ligações e conexões urbano-rurais Apoio financeiro dos projectos Regulamentação e processos de licenciamento Agências/instituições envolvidas Escalas de governação (local, distrital, estatal, federal, etc.) Processos judiciais e dimensões jurídicas
Dimensões ambientais, sociais e de justiça ambiental	Impactos na qualidade da água Impactos na qualidade do ar Impactos no uso do solo Impactos em espécies ameaçadas ou em vias de extinção Sobreposição espacial com questões de qualidade e quantidade de água existentes Sobreposição espacial com questões de justiça ambiental existentes Impactos em comunidades marginalizadas Impactos em terras culturalmente sensíveis & recursos Conflitos e desigualdades gerados ou perpetuados Consulta ao público e às tribos
Dimensões ideológicas & amp; discursivas	Conceitos de justiça e equidade a várias escalas Compreensões locais de histórias e lugares Identidades nacionais, regionais e comunitárias

Muitas questões permanecem em aberto para serem exploradas e investigadas. Por exemplo, o impulso para a acumulação por bombagem está a desenrolar-se a par de preocupações crescentes sobre o modo como as barragens hidroeléctricas afectam as ecologias dos rios, bem como do reconhecimento crescente do papel das barragens na deslocação dos indígenas em todo o Oeste dos EUA [45, 46]. A dependência da exploração mineira de lítio em relação aos recursos hídricos também levanta novas questões sobre a forma como a utilização da água relacionada com a exploração mineira interage com factores como as alterações climáticas, a seca intermitente no Oeste dos EUA, o excesso de água subterrânea e a atribuição excessiva de água. Há também outras tecnologias, recursos e minerais utilizados para fabricar dispositivos de armazenamento de energia, como o cobre, o cobalto, o vanádio, o manganês, a grafite e o molibdénio [47].

O armazenamento de energia está a desenvolver-se rapidamente como parte da transição mais ampla para as energias renováveis. Concordamos com os académicos críticos das transições energéticas justas que defendem que não se deve diminuir a contabilização total dos impactos ambientais e sociais das energias renováveis, apesar da urgência das alterações climáticas e da necessidade de soluções climáticas. Em vez disso, deve reconhecer-se que, como qualquer solução técnica, as tecnologias e técnicas de armazenamento de energia terão consequências espaciais e dilemas de justiça [48]. A investigação futura pode ajudar a compreender as transformações espaciais e os impactos socioambientais das infra-estruturas, cadeias de abastecimento, produtos residuais e efeitos nos recursos terrestres e hídricos a várias escalas. A tomada em consideração destes impactos pode alterar o cálculo da sustentabilidade de um projeto de armazenamento de energia, apontar custos sociais ou ambientais que devem ser tidos em conta, incentivar alterações políticas ou regulamentares ou talvez apoiar a aplicação de tecnologias alternativas. Uma atenção cuidadosa pode ajudar a identificar áreas de melhoria para tornar o armazenamento de energias renováveis mais justo do ponto de vista social e benéfico para o ambiente. O armazenamento de energia, tal como a própria produção de energia, deve ser analisado de forma crítica para evitar a perpetuação de injustiças de longa data associadas ao sector energético.

1.11. Referências

[1]. Clarke, Energia. "Armazenamento de energia". Clarke Energy. Arquivado em 28 de julho, 2020. Recuperado em 5 de junho de 2020.

[2]. Liasi, Sahand Ghaseminejad; Bathaee, Seyed Mohammad Taghi (30 de julho, 2019). "Otimização da microrrede utilizando a resposta à procura e veículos eléctricos ligação à microrrede". 2017 Smart Grid Conference (SGC). pp. 1-7.

[3]. Hittinger, Eric; Ciez, Rebecca E. (17 de outubro de 2020). "Modelação dos custos e benefícios dos sistemas de armazenamento de energia". Revisão Anual de Ambiente e Recursos. 45 (1): 445-469.

[4]. Bailera, Manuel; Lisbona, Pilar; Romeo, Luis M.; Espatolero, Sergio
(1 de março de 2017). Revisões de energia renovável e sustentável. 69: 292-
312. doi:10.1016/j.rser.2016.11.130. ISSN 1364-0321. Arquivado em março de
10, 2020.
[5]. "BloombergNEF". Notícias sobre armazenamento de energia.
[6]. Huggins, Robert A (1 de setembro de 2010). Armazenamento de energia. Springer.
p. 60. ISBN 978-1-4419-1023-3.
[7]. "Armazenamento de energia - Embalar alguma energia". The Economist. 3 de março,
2011. Arquivado em 6 de março de 2020. Recuperado em 11 de março de 2012.
[8]. Jacob, Thierry.
Armazenamento por bombagem na Suíça - uma perspetiva para além do ano 2000 Arquivado em 7 de julho,
2011, no Máquina Wayback Stucky. Acedido: 13 de fevereiro de 2012.
[9]. Levine, Jonah G.
Arquivado 1 de agosto de 2014, no Máquina Wayback página 6,
Universidade do Colorado, dezembro de 2007. Acedido: 12 de fevereiro de 2012.
[10]. Yang, Chi-Jen. Pumped Hydroelectric Storage Arquivado em 5 de setembro de 2012,
at the Wayback Machine Universidade de Duke. Acedido: 12 de fevereiro de 2012.
[11]. Armazenamento de energia Arquivado 7 de abril de 2014, no Máquina Wayback
Hawaiian Electric Company. Acedido: 13 de fevereiro de 2012.
[12]. Selvagem, Mateus, L.
O vento impulsiona o uso crescente de baterias Arquivado 5 de dezembro de 2019,
no Máquina Wayback, The New York Times, 28 de julho de 2010, p. B1.
[13]. Keles, Dogan; Hartel, Rupert; Möst, Dominik; Fichtner, Wolf (primavera
2012). "Investimentos em centrais eléctricas de armazenamento de energia a ar comprimido em
preços da eletricidade: uma avaliação das instalações de armazenamento de energia a ar comprimido em

mercado liberalizado de energiaO Journal of Energy Markets. 5 (1): 54.
[14]. Gies, Erica.
Energia limpa global: Uma solução de armazenamento está no ar Arquivado 8 de maio,
2019, no Máquina Wayback, International Herald Tribune online
website, 1 de outubro de 2012, e impresso a 2 de outubro de 2012, no The
International Herald Tribune. Retirado do sítio Web do NYTimes.com, março
19, 2013.
[15]. Diem, William.
O carro experimental é movido a ar: A prática francesa para a condução no mundo real,
Auto.com, 18 de março de 2004. Recuperado de Archive.org em 19 de março de 2013.
[16]. Slashdot: Carro movido a ar comprimido Arquivado 28 de julho de 2020, em
Máquina Wayback, sítio Freep.com, 2004.03.18
[17]. Torotrak Toroidal variable drive CVT Arquivado 16 de maio de 2011, em
o Máquina Wayback, recuperado em 7 de junho de 2007.
[18]. Castelvecchi, Davide (19 de maio de 2007).
"Spinning into control: High-tech reincarnations of an storing energy".
Notícias científicas. 171 (20): 312-313. doi:10.1002/scin.2007.5591712010.
Arquivado em 6 de junho de 2014. Recuperado em 8 de maio de 2014.
[19]. "Relatório sobre a tecnologia de armazenamento, volante de inércia ST6" (PDF). Arquivado em janeiro de
14, 2013. Recuperado em 8 de maio de 2014.
[20]. "Next-gen Of Flywheel Energy Storage". Conceção e desenvolvimento de produtos.
Arquivado em 10 de julho de 2010. Recuperado em 21 de maio de 2009.
[21]. Fraser, Douglas (3 de outubro de 2024.
[45]. Na, Yong-Un; Jeon, Jae-Wook (outubro de 2023).
"Desvendando as caraterísticas dos resultados da investigação de incêndios do ESS".
Fogo. 6 (10): 389. doi:10.3390/fire6100389.

[46]. "Grande incêndio de bateria em Moorabool". www.frv.vic.gov.au. 30 de julho de 2021.
Recuperado em 2021-07-30.
[47]. "Incêndio deflagra em projeto de bateria gigante perto de Geelong". www.abc.net.au. 2021-07-30. Recuperado em 2021-07-30.
[48]. "A maior instalação de baterias do mundo ficou inativa. Arquivado do original em 2021-09-16.

Capítulo (2)
Importância dos sistemas de armazenamento para as energias renováveis

2.1. Prefácio

Para atingir exatamente os objectivos de descarbonização fixados internacionalmente para 2050, a transição energética ocupará um papel vital, com o desmantelamento progressivo das centrais eléctricas a carvão e a petróleo e o aumento das energias renováveis no chamado mix energético [1].

Infelizmente, as energias renováveis, em particular a solar e a eólica, são intrinsecamente intermitentes por natureza, impedindo assim a possibilidade de alcançar a independência energética completa contando apenas com estas fontes [2].

No mundo real, o sol não brilha 24 horas por dia e a capacidade de absorção da energia solar em dias nublados é notoriamente reduzida, o mesmo acontecendo com a energia eólica, uma vez que o vento nem sempre sopra com a mesma intensidade, sem sequer considerar que alguns países, devido à sua localização geográfica, são inevitavelmente menos "ricos" em termos de fontes de energia renováveis.

Consequentemente, durante as horas em que a energia se perde ou não está disponível, total ou parcialmente, continua a ser necessário alimentarse da rede eléctrica, que atualmente é maioritariamente alimentada por um ou mais tipos de combustível, com um impacto substancial em termos de emissões de carbono. Depois, é claro, temos também de considerar os momentos de pico de procura, por exemplo, nos meses de verão, devido à utilização de aparelhos de ar condicionado.

Para ultrapassar este problema e prosseguir a crescente dependência das novas fontes de energia, o investimento em sistemas de armazenamento de energia é uma prioridade máxima [3].

Conforme afirmado pela IRENA, a Agência Internacional para as Energias Renováveis, os sistemas de armazenamento estão a emergir como uma das várias soluções-chave para integrar eficazmente elevados níveis de energia solar e eólica renovável nos sistemas energéticos em todo o mundo. Pode acontecer, por exemplo, que em certas ocasiões as condições climatéricas sejam tão boas que essas fontes de energia consigam cobrir a procura dos equipamentos e dispositivos em uso, criando mesmo um excedente que não é utilizado e pode ser transferido para a rede. Por outro lado, há outras alturas em que a produção é insuficiente, exigindo o acesso à rede para cobrir o défice de energia.

2.2. Sistemas de armazenamento de baterias: FTM e BTM

Verificou-se que os sistemas de armazenamento de baterias são uma das potenciais soluções
para aumentar a flexibilidade do sistema, devido à sua capacidade única de absorver, reter e libertar eletricidade rapidamente [4, 5].

Ao contrário dos sistemas de armazenamento convencionais, as baterias têm a vantagem da flexibilidade geográfica e de tamanho, pelo que podem ser instaladas mais perto do local onde são efetivamente necessárias e podem ser facilmente calibradas de acordo com as necessidades reais.

Os sistemas de baterias de armazenamento à escala industrial têm uma capacidade de acumulação típica que pode variar entre apenas alguns kWh e centenas de MWh, consoante as suas dimensões.

Pode ser utilizada uma gama de tecnologias de armazenamento de baterias, como as baterias de lítio (Li-on) ou de enxofre e as baterias de chumbo-ácido, para todas as aplicações de rede. No entanto, nos últimos anos, o maior crescimento pode ser observado nas baterias de iões de lítio. Como explicado, as aplicações das baterias de armazenamento dividem-se normalmente em [6, 7]:

- **Frente do contador (FTM):** As baterias FTM estão ligadas a redes de distribuição ou transmissão ou em ligação com um ativo de produção. Fornecem aplicações exigidas pelos operadores de sistemas, como serviços auxiliares ou alívio da carga da rede.
- **Atrás** do contador **(BTM):** As baterias BTM estão interligadas atrás do contador dos clientes comerciais, industriais ou residenciais, visando principalmente a poupança na fatura da eletricidade através da gestão da procura.

As baterias BTM são, de um modo geral, de pequenas dimensões, pelo que se prestam a uma utilização generalizada, para o que contribui a descida constante e progressiva dos preços de produção.

2.3. Vantagens dos sistemas de armazenamento

Os sistemas de armazenamento de baterias têm uma série de vantagens, tanto para os utilizadores finais (em casas, escritórios, instalações industriais) como para o produtor, o distribuidor e a própria rede física [8].

2.3.1. Regulação e flexibilidade da frequência

Um dos grandes problemas que os sistemas de armazenamento podem ajudar a resolver é o desequilíbrio entre a oferta e a procura de energia eléctrica pelos consumidores, ou seja, entre a quantidade de energia produzida e a necessária.

De uma forma geral, as Nações tendem a contornar esta lacuna através da ativação de centrais a carvão e/ou petróleo, o que é uma solução ineficiente e dispendiosa, pois obriga a que um grande número de centrais esteja em estado de espera constante, ou a funcionar apenas com capacidades parciais, inferiores às atingíveis, consumindo assim combustível de forma ineficaz e aumentando os custos da eletricidade. Além disso, este sistema tem tempos de reação e ajustamento algo demorados, enquanto os sistemas de armazenamento podem ser activados instantaneamente, garantindo uma maior flexibilidade no sistema energético.

A ativação instantânea e a distribuição generalizada entre os consumidores domésticos significa que a produção de energia a partir de fontes renováveis intermitentes, como a energia solar, pode ser monitorizada e ajustada automaticamente. Assim, durante as horas de luz solar do dia, a energia é acumulada e pode ser consumida quando o sol se põe, seguindo a chamada Curva do Pato.

Figure 5: Impact on the duck curve of energy storage providing flexible ramping, using as an example a 3 MW feeder (not the entire CAISO system)

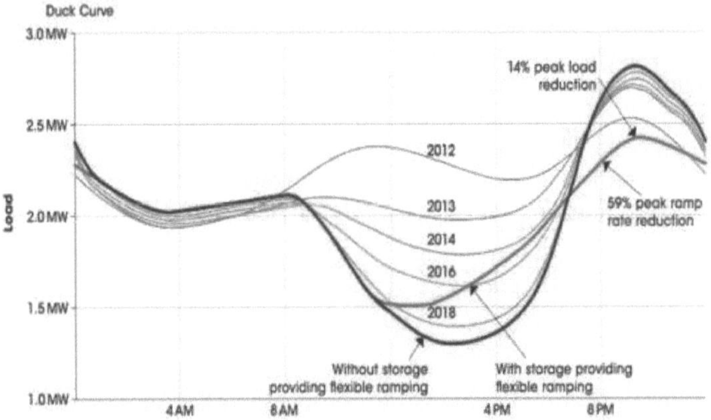

Source: Sunverge (2015)

2.3.2. Uma alternativa aos geradores a gasóleo

Para fazer face a apagões inesperados, na maioria dos casos são adoptados geradores alimentados a gasóleo, que têm um impacto ambiental considerável [9].

O mesmo tipo de sistema de reserva para apagões poderia ser obtido através da instalação de sistemas de armazenamento de baterias, que, se alimentados com energia renovável, poderiam ter uma pegada ambiental consideravelmente menor. Além disso, esta seria uma solução óptima nas partes do mundo não suficientemente cobertas por uma rede de distribuição centralizada (por exemplo, ilhas e zonas remotas do mundo).

2.3.3. Redução do congestionamento na transmissão e distribuição

Durante as horas de ponta, as redes de transporte e distribuição podem exceder a sua capacidade, causando congestionamento [10].

Normalmente, os operadores intervêm investindo em novos activos de transporte e distribuição, a fim de aumentar a capacidade global da rede, mas esta solução nem sempre é possível e/ou economicamente vantajosa.

Com efeito, a expansão da rede eléctrica não é de modo algum uma tarefa simples, exigindo investimentos substanciais e prazos médios longos. Em alternativa, pode ser instalado um sistema de armazenamento de baterias perto de zonas congestionadas, o que já acontece em vários municípios, para melhorar o desempenho e a fiabilidade do sistema. Isto permitiria não só uma gestão mais rápida e inteligente, como também optimizaria os investimentos, ao instalar exatamente a capacidade de armazenamento necessária, evitando assim o sobredimensionamento da rede, uma ocorrência inevitável dadas as dimensões padronizadas dos dispositivos disponíveis.

O que é que isso significa? Ora, se a diferença entre a energia produzida e a energia necessária nos momentos de pico é, em média, igual a 1-3%, então o investimento necessário para melhorar a rede provocaria geralmente um aumento de 25%, muito mais do que o necessário.

2.3.4. Poupança nas contas de eletricidade

O aumento do auto-consumo provocado pela instalação de painéis solares nos telhados, juntamente com um sistema de baterias BTM, pode gerar uma poupança considerável na fatura da eletricidade [11].

Quando são aplicadas tarifas de tempo de utilização, os sistemas de armazenamento de baterias BTM permitirão aos consumidores reduzir os seus custos de eletricidade carregando as baterias nos períodos de vazio, quando as tarifas são mais baixas, e descarregando-as durante as horas de ponta, quando as tarifas são mais elevadas.

Basicamente, as baterias são carregadas quando o custo da energia é baixo, e a energia é consumida, ou vendida de volta aos fornecedores ou distribuidores, quando o preço é mais alto. Se este cenário for aplicado a situações não domésticas, as poupanças podem tornar-se - de facto - significativas, como demonstrado em múltiplos exemplos nos EUA, Alemanha e outros países europeus.

2.4. Energias renováveis Gestão da energia

2.4.1. Principais benefícios dos sistemas de armazenamento de energia por bateria

Embora tenhamos reconhecido os diferentes tipos de soluções de armazenamento de energia, as tecnologias de bateria e de armazenamento de energia são aquelas em que nos especializamos do ponto de vista do recrutamento. Por isso, destacámos as principais vantagens dos sistemas de armazenamento de energia em baterias para explicar porque é que o armazenamento de energia é essencial para o futuro da energia renovável e para a sustentabilidade do planeta [12].

Melhoria da utilização das energias renováveis: Sabemos que a energia solar e eólica é intermitente. O armazenamento de energia pode aproveitar a energia renovável quando ela é abundante e usá-la durante os períodos de baixa ou nenhuma produção de energia. Isto optimiza a utilização dos recursos renováveis, tornando o consumo de energia mais eficiente durante todo o ano.

Energia de reserva: Os sistemas de armazenamento de energia em baterias funcionam como fontes de energia de reserva fiáveis durante condições meteorológicas adversas ou períodos prolongados de cortes de energia. Isto beneficia as empresas ao garantir operações ininterruptas e proporciona segurança e comodidade às casas durante as falhas de energia.

Menor dependência da rede eléctrica: Outra das vantagens dos sistemas de armazenamento de energia em baterias é o facto de poderem reduzir a dependência da rede. Isto é especialmente valioso em regiões com infra-estruturas de rede instáveis ou locais com falhas de energia frequentes. À medida que as incertezas climáticas aumentam, a menor dependência da rede torna-se essencial para o acesso sustentado à energia.

Controlo da frequência e redução dos picos de consumo: Como já foi referido, os sistemas de armazenamento de energia em baterias contribuem para a estabilidade da rede regulando a frequência e fornecendo uma resposta de frequência de sub-segundo. Além disso, o armazenamento de energia durante os períodos de baixa procura e a sua libertação durante os períodos de pico ajuda a reduzir os picos de consumo, reduzindo a tensão na rede.

Redução da pegada de carbono: Juntamente com a energia renovável, os sistemas de armazenamento de energia por bateria podem reduzir significativamente as emissões de gases com efeito de estufa e minimizar a poluição. A sua capacidade de armazenar o excesso de energia garante que nenhuma energia seja desperdiçada, alinhando-se com os esforços globais para atingir emissões líquidas zero e combater as alterações climáticas.

Co-localização de activos: Os sistemas de armazenamento de energia em baterias podem também co-localizar-se com várias tecnologias de produção de energia. Isto ajuda a maximizar a utilização dos terrenos, a melhorar a eficiência e a partilhar as despesas com infra-estruturas para aumentar o efeito global da produção de energia.

O armazenamento de energia, especialmente sob a forma de sistemas de baterias, é fundamental para a transição para um futuro energético mais sustentável, fiável e rentável. Não só apresenta empregos e talentos no domínio das energias renováveis, como também responde aos desafios colocados pela variabilidade dos recursos renováveis e aumenta a eficiência global do consumo de energia.

2.4.2. Papel do armazenamento de energias renováveis

Neste guia sobre a exploração do armazenamento de energia no âmbito das energias renováveis, descrevemos os diferentes tipos de tecnologias de armazenamento de energia que não só reforçam a nossa infraestrutura energética, como também abrem caminho para um futuro sustentável. O espaço de armazenamento de energia é vibrante e promissor, desde os princípios fundamentais do armazenamento de energia hidroelétrica por bombagem e por ar comprimido até aos inovadores volantes de inércia, armazenamento de energia térmica e tecnologias de baterias. Em seguida, aprofundámos a nossa área de especialização, a bateria e o armazenamento de energia. Esta solução diversificada de armazenamento de energia apresenta muitos benefícios, desde a resolução dos desafios da intermitência das energias renováveis até à redefinição da fiabilidade e resiliência da nossa rede [13].

2.5. Crescimento do sector das energias renováveis

Com mais de 20 anos na vanguarda do sector das energias renováveis, estamos na vanguarda das organizações inovadoras e dos profissionais talentosos que pretendem deixar a sua marca no nicho de mercado das baterias e do armazenamento de energia. Os nossos consultores especializados são peritos em facilitar ligações, permitindo que clientes e candidatos prosperem em empreendimentos inovadores no domínio das energias renováveis a nível mundial [14].

Em alternativa, contacte-nos hoje mesmo se estiver à procura de mais apoio relativamente aos seus projectos mais recentes ou às suas aspirações profissionais futuras [15].

2.6. Referência

[1]. Chen, Y.; et., al. (2012). "Estudo sobre a auto-regeneração e as caraterísticas do tempo de vida do capacitor de filme metalizado sob alto campo elétrico". IEEE Transactions on Ciência dos Plasmas. 40 (8): 2014 2019.

[2]. Hubler, A.; Osuagwu, O. (2010). "Baterias quânticas digitais: Matrizes tubulares de armazenamento de energia e informação". Complexidade. 15 (5): 48-55. doi:10.1002/cplx.20306.

[3]. Talbot, David (21 de dezembro de 2009). "Um salto quântico na conceção de baterias". Technology Review. *MIT*.

Recuperado em 9 de junho de 2011.
[4]. Hubler, Alfred W. (janeiro-fevereiro de 2009). "Baterias digitais". Complexidade. 14 (3): 7-8. Bibcode:2009Cmplx..14c...7H.
[5]. Hassenzahl, W.V., "Applied Superconductivity: Superconductivity, An Enabling Technology", IEEE Trans. on Magnetics, pp. 1447-1453, Vol. 11, Iss. 1, março de 2001.
[6]. Cheung K.Y.C; et al. Large-Scale Energy Storage Systems, Imperial College London: ISE2, 2002/2003.
[7]. Enciclopédia de tecnologia e ciências aplicadas. Vol. 10. Nova Iorque: Marshall Cavendish. 2000. ISBN 076147126X.Retrieved Dec. 2020.
[8]. Guilherme de Oliveira de Silva; Patrick Hendrick (15 de setembro de 2016). "Baterias de chumbo-ácido combinadas com energia fotovoltaica para aumentar a autonomia eléctrica suficiência nos agregados familiares". Applied Energy. 178: 856-867.
[9]. de Oliveira e Silva, Guilherme; Hendrick, Patrick (1 de junho de 2017). Energia Aplicada. 195: 786-799.
[10]. Debord, Matthew (1 de maio de 2015). "O grande anúncio de Elon Musk: chama-se 'Tesla Energy'". Business Insider. Arquivado em 5 de maio de 2015. Recuperado em 11 de junho de 2015.
[11]. "Tesla reduz o preço do sistema Powerpack em mais 10% de geração". Electrek. 15 de maio de 2017. Arquivado em 14 de novembro de 2016. Recuperado em novembro. 14, 2016.
[12]. "Grupo de energia RoseWater para estrear o HUB 120 na CEDIA 2017". 29 de agosto, 2017. Arquivado em 5 de junho de 2019. Recuperado em 5 de junho de 2019.
[13]. "Rosewater Energy - Produtos". Arquivado em 5 de junho de 2019. Recuperado em junho 5, 2019.
[14]. "Energia RoseWater: A fonte de alimentação de $60K mais limpa e ecológica de sempre".

Integrador comercial. 19 de outubro de 2015. Arquivado em 5 de junho de 2019.
Recuperado em 5 de junho de 2019.
[15]. "Como a bateria doméstica gigante da RoseWater é diferente da da Tesla". CEPRO.
19 de outubro de 2015. Arquivado em 12 de julho de 2021. Recuperado em 12 de julho de 2021.

Capítulo (3)

Energia industrial e armazenamento de energia

Roteiro na prática

3.1. Energia industrial e energia

3.1.1. Soluções de silicone para proteção de componentes de energias renováveis

Quer o seu objetivo seja gerar mais energia, garantir um fornecimento mais fiável ou utilizar a energia de forma mais eficiente, a Dow pode ajudá-lo a atingir os seus objectivos. O nosso vasto portfólio de materiais à base de silício proporciona uma proteção comprovada de componentes electrónicos e componentes contra temperaturas extremas, tensões mecânicas e produtos químicos agressivos comuns em ambientes industriais e energéticos. Combinados com décadas de experiência em aplicações, os nossos materiais e inovações podem promover um desempenho duradouro e fiável de dispositivos complexos, tais como módulos IGBT, optimizadores de potência e micro-inversores, bem como de conjuntos eléctricos destinados à conversão de energia e potência.

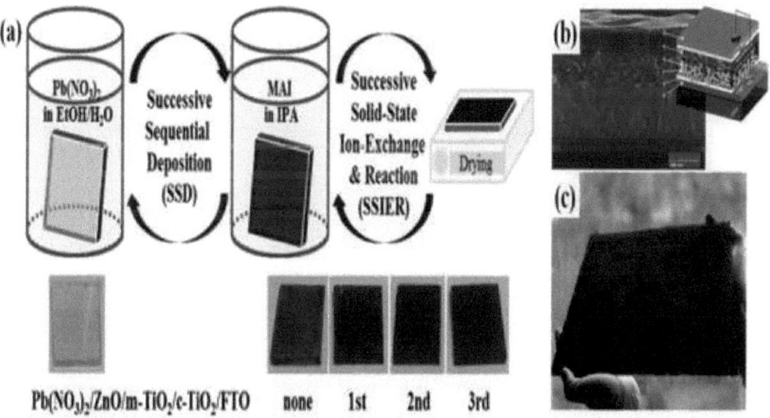

3.1.2. Energias Renováveis - Aproveitar o poder

Conheça o portfólio de soluções concebidas para otimizar a produção, captura, armazenamento e utilização competitiva de energias renováveis em várias fases do processo de fabrico.

3.1.3. Inversores fotovoltaicos

Os inversores podem gerar grandes quantidades de calor e têm de funcionar de forma fiável em ambientes exteriores adversos. Sem um abrigo e uma proteção adequados contra os elementos, correm um grande risco de sofrer danos.

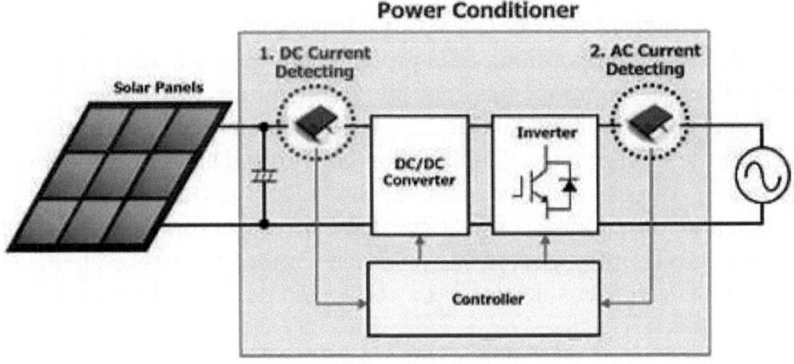

A carteira abrangente inclui proteção contra humidade, poeira, calor e danos ambientais com uma gama completa de soluções, incluindo

- Encapsulantes térmicos
- Adesivos térmicos
- Revestimentos conformacionais
- Materiais de interface térmica
- Vedação e colagem

3.1.4. Precisão, potência e proteção optimizadas

Desde o material de revestimento para inversores e optimizadores utilizados em aplicações como a energia fotovoltaica e eólica até aos adesivos condutores utilizados em sistemas de gestãode baterias (BMS), as tecnologias de energias renováveis ajudaram a resolver os desafios da indústria.

Estamos empenhados em dar passos em direção a emissões líquidas zero de carbono até 2050

Aproveitando mais de 100 anos de experiência, as nossas tecnologias estão a permitir que os fabricantes de componentes de energias renováveis explorem designs novos e mais eficientes. O nosso fornecimento global abrangente de soluções de materiais ajudará a proteger e a preservar os seus investimentos e a permitir um futuro brilhante das energias renováveis. O poder da inovação é infinito. Estamos aqui para inovar consigo.

Estados-alvo futuros desenvolvidos em colaboração como visões para a utilização benéfica do armazenamento de energia. Clique num estado individual para explorar as lacunas identificadas para a concretização.

O armazenamento de energia é essencial para uma rede eléctrica limpa e moderna e está posicionado para permitir os ambiciosos objectivos de energia renovável e resiliência do sistema de energia. A equipa de Armazenamento de Energia e Geração Distribuída do EPRI e os seus membros desenvolveram o Roteiro de Armazenamento de Energia para orientar os esforços do EPRI no avanço do armazenamento de energia seguro, fiável, acessível e limpo.

Estabelecido pela primeira vez em 2020 e baseado na missão do EPRI de promover energia segura, fiável, acessível e limpa para a sociedade, o Roteiro para o Armazenamento de Energia previu um futuro desejado para as aplicações de armazenamento de energia e práticas da indústria em 2025 e identificou os desafios para a concretização dessa visão. O Roteiro da Armazenagem de Energia foi revisto e atualizado em 2022 para aperfeiçoar os estados futuros previstos e fornecer avaliações e descrições mais abrangentes dos progressos necessários (ou seja, lacunas) para alcançar a visão desejada para 2025.

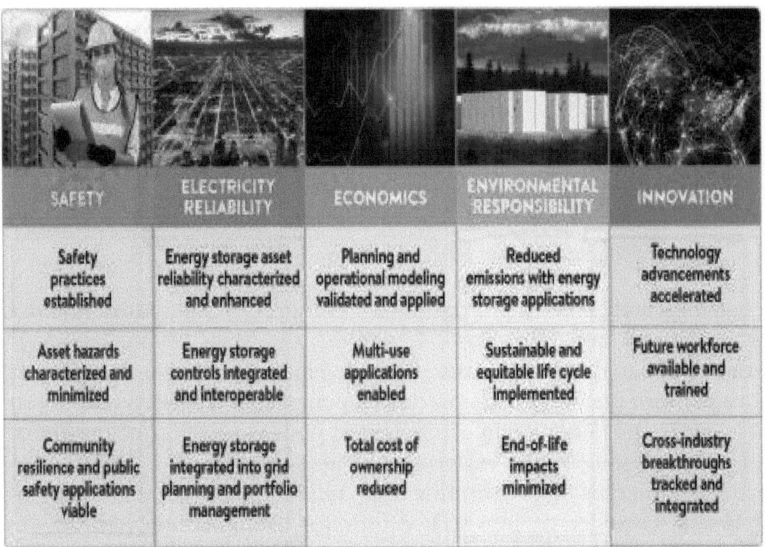

Agora, em 2024, o EPRI e os seus Conselheiros Membros estão a reavaliar o futuro desejado do armazenamento de energia com o desenvolvimento do Roteiro para o Armazenamento de Energia 2030. A EPRI e os seus membros consultores avaliarão o estado atual do armazenamento de energia em cada pilar e reavaliarão as lacunas no conhecimento e nos recursos da indústria entre o presente e o futuro revisto para 2030.

3.2. Roteiro do armazenamento de energia na prática

3.2.1. Prefácio

Desde a sua criação, o Roteiro para a Armazenagem de Energia do EPRI teve como objetivo orientar os esforços do EPRI na área da armazenagem de energia, de modo a garantir a disponibilização de recursos relevantes e com impacto para os seus membros, a indústria e o público. A tabela seguinte mapeia as publicações do EPRI relacionadas com a armazenagem de energia para o Estado Futuro relevante. A tabela pode ser ordenada por coluna ou filtrada utilizando a caixa de pesquisa.

Se encontrar algum problema com o conteúdo desta página ou tiver alguma sugestão, envie um e-mail para Taylor Kelly.

Entrega	Estado futuro relacionado	Palavras-chave	Ano
Base de dados de lições aprendidas sobre armazenamento de energia v1.0	♦ Práticas de segurança Controlos Planeamento da rede Custo de propriedade Mão de obra	Indústria Práticas	Em curso
Fórum DER e Armazenamento de Energia	♦ Práticas de segurança Controlos ♦ Modelação Planeamento da rede Custo de propriedade Mão de obra	Indústria Práticas, lições aprendidas	Em curso
Armazenamento de energia MediaWiki	♦ Mão de obra	Formação, segurança, lições aprendidas, Estudos de caso	Em curso
Base de dados de produtos de armazenamento de energia	♦ Tecnologia		Em curso
Orientações para a apresentação de dados sobre armazenamento de energia eléctrica	Fiabilidade dos activos Custo de propriedade	Especificação, Práticas do sector	2021
Relatório de projeto suplementar da análise do armazenamento de energia: Encontrar, conceber, operar projectos e próximas etapas (2018-2021)	♦ Modelação		2021
Avaliação do armazenamento de energia em 2020: Funções, métodos, ferramentas, lições aprendidas e exemplos	♦ Modelação		2021
Fornecedores de serviços de fim de vida de painéis solares fotovoltaicos, armazenamento	Ciclo de vida sustentável		2021

de baterias e pás de turbinas eólicas			
Due Diligence de aquisição de armazenamento de energia: Conclusões da iniciativa "Energy Storage Implementation Practices Collaborative	Custo de propriedade Mão de obra	Lições aprendidas, Segurança, Garantia, Térmica Gestão	2021
Percepções rápidas: Evolução da tecnologia das baterias de iões de lítio	♦ Tecnologia		2021

3.3. Referências

[1]. Jornal de Armazenamento de Energia. Volume 49, maio de 2022, 104194

Capítulo (4)
Aplicações da nanotecnologia nas energias renováveis

4.1. Prefácio

Um dos grandes desafios tecnológicos do século XXI é o desenvolvimento de tecnologias de energias renováveis devido aos graves problemas relacionados com a produção e utilização de energia. Uma nova e promissora área de investigação está a crescer rapidamente e as nanotecnologias são consideradas hoje em dia uma das escolhas mais recomendadas para resolver este problema. Esta revisão tem como objetivo apresentar várias aplicações significativas da nanotecnologia em sistemas de energias renováveis. Os artigos revistos incluem trabalhos teóricos e experimentais relacionados com aplicações da nanotecnologia nas energias solar, do hidrogénio, eólica, da biomassa, geotérmica e das marés. A literatura é analisada e resumida cuidadosamente em tabelas úteis para dar uma visão panorâmica sobre o papel da nanotecnologia na melhoria das várias fontes de energias renováveis. Pensamos que este documento pode ser considerado como uma ponte importante entre a nanotecnologia e todos os tipos de energias renováveis disponíveis. Por outro lado, são necessárias mais investigações para estudar o efeito da nanotecnologia na melhoria da indústria das energias renováveis, especialmente nas energias geotérmica, eólica e das marés, uma vez que os trabalhos disponíveis nestes domínios são limitados.

4.2. Introdução

A energia renovável pode ser definida como um tipo de fonte de energia que pode fornecer luz, eletricidade e calor sem poluir o ambiente. A produção de energia a partir de combustíveis fósseis foi identificada como a principal razão da poluição ambiental. A vantagem óbvia das energias renováveis é o facto de não ser necessário combustível, o que elimina a emissão de dióxido de carbono. O atual problema energético global pode ser resumido à insuficiência do abastecimento de combustíveis fósseis e às emissões excessivas de gases resultantes do aumento do consumo de combustíveis fósseis. Foi relatado que o atual consumo de petróleo foi 105 vezes mais rápido do que a natureza pode criar e, a esta enorme taxa de consumo, as reservas mundiais de combustíveis fósseis serão reduzidas até 2050 [1-3]. Além disso, é interessante mencionar que se prevê que a procura global de energia seja de aproximadamente 30 e 46 TW em 2050 e 2100, respetivamente [4]. Os combustíveis fósseis são o petróleo bruto, o carvão e o gás natural. Não são renováveis, uma vez queimados desaparecem para sempre. Estas fontes fornecem mais de 90% da nossa procura de energia, mas têm um custo ambiental muito elevado. Por exemplo, a concentração de CO2 no ambiente aumentou de (280 para 370 ppm) nos últimos 150 anos. Prevê-se que ultrapasse (550 ppm) neste século [5]. No entanto, devido à enorme procura de energia e à menor disponibilidade de combustíveis fósseis, há uma mudança para fontes de energia renováveis. Exemplos destas fontes de energia incluem as energias solar, eólica, biomassa, hidrogénio e geotérmica.

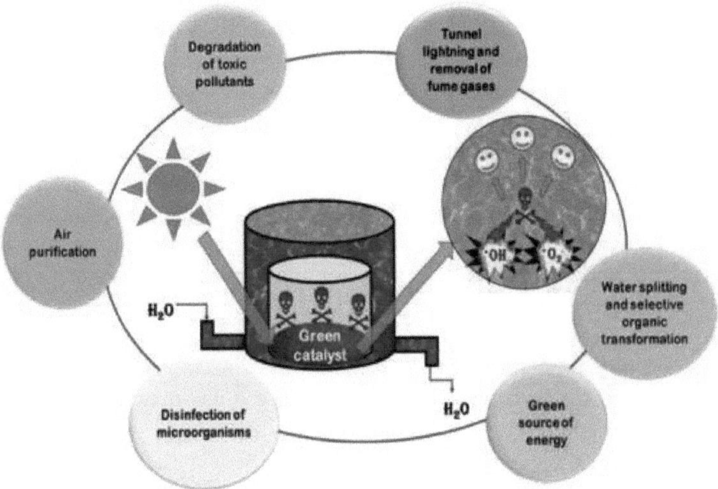

Além disso, as energias renováveis podem desempenhar um papel crucial na redução das emissões de gases para o ambiente em cerca de 70% até 2050. Por outro lado, um novo domínio científico em rápido crescimento, a nanotecnologia, tem merecido uma atenção considerável nos últimos anos devido às suas inúmeras aplicações tecnológicas e de engenharia. Por exemplo, os nanomateriais (ou seja, partículas com diâmetros inferiores a 100 nm) podem ser utilizados para reduzir o tamanho das peças de processamento de informação da maioria dos dispositivos utilizáveis, como telemóveis e computadores portáteis. Os cientistas referem-se a esta gama dimensional de 1 a 100 nm como a escala nanométrica, e os materiais a esta escala são designados nanocristais ou nanomateriais. Por conseguinte, esta redução de tamanho leva à redução da energia necessária. Além disso, há muitos benefícios que podem ser observados na conceção de produtos baseados na nanotecnologia para as energias renováveis, nomeadamente [6]:

- Aumento da eficiência da iluminação e do aquecimento.
- Aumento da capacidade de armazenamento elétrico.
- Diminuição da poluição resultante da utilização de energia.
- A nanotecnologia irá gerar 2,5 biliões de dólares em 2015.

Além disso, a nanotecnologia pode ser utilizada para melhorar os recursosdas energias renováveis; por exemplo, a eficiência da energia eólica pode ser melhorada através da utilização de nanomateriais leves e mais resistentes nas pás dos rotores. Na energia da biomassa, a agricultura de precisão baseada em nanomateriais pode ser utilizada para otimizar as culturas utilizadas na produção de biocombustíveis. Os nano-revestimentos podem ser utilizados para prevenir a corrosão em equipamentos de energia das marés, enquanto os nanocompósitos são utilizados para tornar as máquinas de perfuração em energia geotérmica mais resistentes à fadiga. O presente documento tem por objetivo apresentar muitas aplicações significativas da nanotecnologia em sistemas de energias renováveis. Os artigos analisados incluem trabalhos teóricos e experimentais relacionados com as aplicações da nanotecnologia nas energias solar, hídrica, eólica, biomassa, geotérmica e das marés. Pensamos que este documento pode ser considerado como uma ponte importante entre a nanotecnologia e todos os tipos de energias renováveis disponíveis.

O termo "nanomateriais" abrange uma vasta gama de materiais, incluindo materiais nanocristalinos, nanocompósitos, nanomateriais à base de carbono (como os nanotubos de carbono) e nanomateriais à base de metais (como os óxidos de alumínio). Existem três métodos gerais de fabrico de nanomateriais através da suspensão de nanopartículas em fluidos de base. Estes métodos podem ser classificados da seguinte forma [7]:

- Adição de ácido ou base para alterar o valor do pH da suspensão.
- A adição de agentes activos de superfície e/ou dispersantes dispersa as partículas no fluido.
- Utilização de vibração ultra-sónica.

Em geral, os materiais podem ter propriedades diferentes à nanoescala (nanómetro é a bilionésima parte do metro) do que à escala maior. Alguns materiais tornam-se mais fortes, mais leves, mais estáveis ou mais aptos a conduzir eletricidade ou calor ou a refletir a luz. Outros apresentam propriedades magnéticas diferentes ou tornam-se quimicamente activos de formas especiais [8]. Este comportamento deve-se ao facto de, quando os materiais têm uma ou mais das suas dimensões inferiores a (100 nm), as regras normais da física e da química deixarem frequentemente de se aplicar. Como resultado, muitos materiais começam por vezes a exibir propriedades surpreendentes. A resistência dos nanomateriais, a sua capacidade de conduzir eletricidade e a sua taxa de reatividade aumentam drasticamente. Por exemplo, a prata apresenta propriedades anti-microbianas acrescidas, materiais inertes como a platina e o ouro tornam-se catalisadores, enquanto materiais estáveis como o alumínio se tornam combustíveis. Estas novas propriedades descobertas dos materiais à escala nanométrica abriram um campo de estudo e aplicações interessantes em áreas que podem melhorar a qualidade da vida humana nos domínios da energia e da saúde [9]. Para informações mais pormenorizadas sobre os nanomateriais, o leitor pode consultar os artigos de revisão de Suh et al. [10] e Savolainen et al. [11]. Os dispositivos de armazenamento de energia, como as baterias e os super-capacitores, podem ser significativamente modificados pela aplicação da nanotecnologia. Os materiais podem ser concebidos utilizando a nanotecnologia para tornar os componentes relevantes das baterias de iões de lítio resistentes ao calor, flexíveis e com eléctrodos de elevado desempenho. O armazenamento de energia térmica pode também ser melhorado utilizando materiais nano-porosos como os zeólitos, que podem ser utilizados como armazenadores de calor tanto em zonas residenciais como industriais. Elcock [12] explicou que os nanomateriais manufacturados podem ser classificados de acordo com o seu método de produção. Alguns deles foram produzidos "de cima para baixo", como quando um material a granel (por exemplo, ouro, silicato) foi reduzido a uma massa de partículas em nanoescala. Este método foi utilizado atualmente em produtos de proteção solar (nanopartículas de dióxido de titânio) e células solares (nanopartículas de óxido de alumínio). O segundo tipo de nanopartículas fabricadas foi construído "de baixo para cima", átomo a átomo ou molécula a molécula. Referiu que as nanopartículas deste tipo eram ainda relativamente difíceis e dispendiosas de fabricar, mas tinham potencial para ter impacto no desenvolvimento e utilização da energia, nos transportes, na eletrónica, na indústria transformadora e noutras disciplinas. Mao e Chen [13] explicaram o papel da nanotecnologia no desenvolvimento de tecnologias selecionadas de energias renováveis. Estas tecnologias incluem:

- converter a energia da luz solar diretamente em eletricidade através de células solares;

- conversão da energia solar em hidrogénio combustível através da divisão da água nos seus constituintes;
- armazenamento de hidrogénio em estado sólido e
- utilizando o hidrogénio para gerar eletricidade através da utilização de células de combustível.

Era evidente que a nanotecnologia poderia permitir que, no futuro, as energias renováveis substituíssem de forma espetacular os combustíveis fósseis tradicionais e prejudiciais para o ambiente. Serrano et al. [14] analisaram alguns avanços da nanotecnologia na produção, armazenamento e utilização de energia sustentável. Na sua revisão, selecionaram alguns contributos significativos nos sectores da energia solar, do hidrogénio, das baterias de nova geração e dos supercapacitores como exemplos dos contributos da nanotecnologia no sector da energia. Apresentaram as seguintes vantagens da utilização da nanotecnologia no sector da energia sustentável:

- A eficiência das células solares fotovoltaicas (PV) foi aumentada, enquanto os seus custos de fabrico e de produção de eletricidade foram reduzidos a um ritmo sem precedentes.
- A produção de hidrogénio, o armazenamento e a transformação em eletricidade nas células de combustível foram melhorados através da utilização de materiais nano-estruturados. Isto ocorreu através do aumento da capacidade de adsorção de hidrogénio, o que levou a que as células de combustível se tornassem mais eficientes e mais baratas.

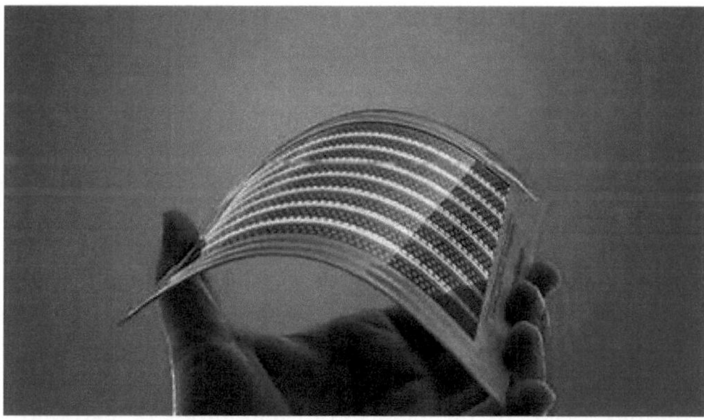

Brinker e Ginger [15] investigaram o papel da nanotecnologia na sustentabilidade, conversão, armazenamento e conservação de energia. Explicaram que a redução do consumo de energia era a principal aplicação dos dispositivos de recuperação de calor residual por termoeletricidade (TE). Estes dispositivos têm um impacto muito reduzido no ambiente. Uma vez que são totalmente passivos, limpos e funcionam sem qualquer fornecimento adicional de energia. A sua utilização em automóveis e sistemas de transportes públicos reduziria o consumo de petróleo. Subramani et al. [16] apresentaram uma revisão abrangente das estratégias de minimização de energia para processos de dessalinização com membranas e utilização de recursos energéticos renováveis com menor emissão de gases com efeito de estufa. A revisão abrangeu a utilização de design energeticamente eficiente, bombagem de alta eficiência, dispositivos de recuperação de energia, materiais de membrana avançados (nanocompósitos, nanotubos e biomiméticos), tecnologias inovadoras e recursos energéticos renováveis (solar, eólico e geotérmico). Referiram que a utilização de nanotubos de carbono poderia oferecer um consumo de energia (30-50%) inferior ao da dessalinização convencional por osmose inversa da água do mar. Concluíram que a energia da dessalinização pode ser reduzida através da utilização de materiais de membrana avançados e da aplicação de tecnologias inovadoras. Guo [17] analisou as tecnologias relevantes em matéria de energias renováveis, como o hidrogénio combustível, as células solares, a biotecnologia baseada na nanotecnologia e as patentes relevantes para a exploração da energia do futuro em prol de um ambiente favorável. A partir da sua análise, concluiu que, se o domínio da nanotecnologia se misturar com as fontes de energia renováveis, os seguintes pontos serão satisfeitos:

- As células de combustível tornaram-se de baixo custo e altamente eficientes.
- A produção, a distribuição e o armazenamento de hidrogénio combustível tornaram-se de baixo custo.
- A nanotecnologia pode ajudar a aumentar a eficiência e a diminuir o custo da exploração da energia solar.

Grebler e Nentwich [18] apresentaram um artigo sobre a relação entre os nanomateriais e o ambiente. Eles extraíram as seguintes notações:

- A nanotecnologia pode ser utilizada para otimizar materiais, por exemplo, plásticos ou metais com nanotubos de carbono (CNT), que tornarão os aviões e os veículos mais leves e, por conseguinte, reduzirão o consumo de combustível.

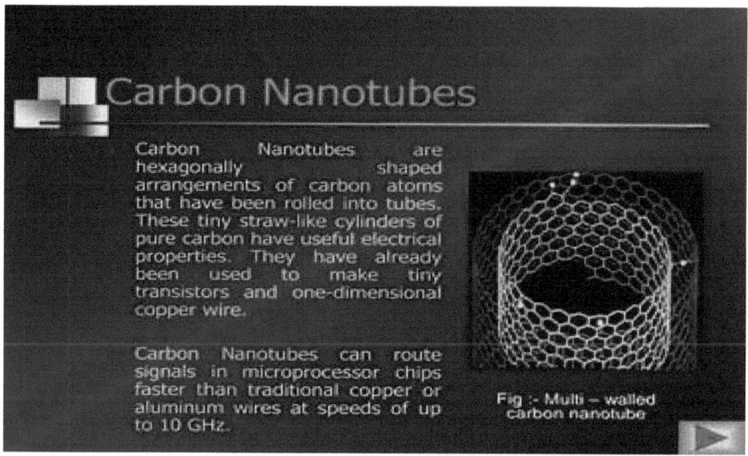

- Quando o negro de fumo em nanoescala é adicionado aos pneus de automóveis modernos, reforça o material e reduz a resistência ao rolamento. Isto permite uma poupança de combustível de até 10%.
- Os nanomateriais podem ajudar a criar revestimentos autolimpantes ou "fáceis de limpar". Por exemplo, se forem adicionados ao vidro, poupam energia e água no processo de limpeza, uma vez que essas superfícies são mais fáceis de limpar ou não precisam de ser limpas continuamente.
- Os produtos nanotribológicos de proteção contra o desgaste, como os aditivos para combustíveis ou óleos de motor, podem reduzir o consumo de combustível dos veículos e prolongar a vida útil dos motores.

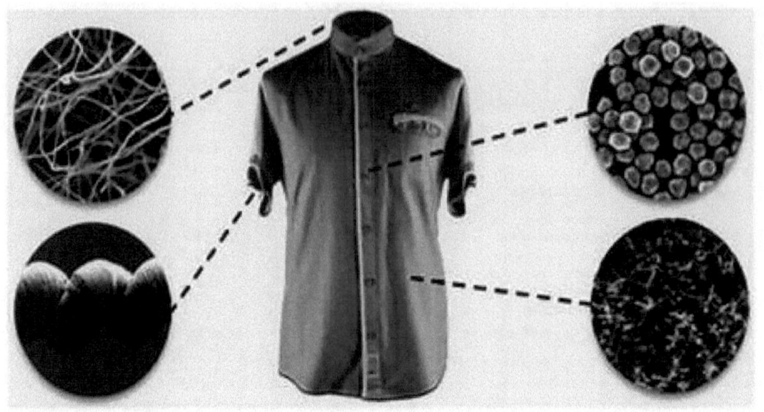

- As nanopartículas, como os agentes de fluxo, permitem que os plásticos sejam fundidos e moldados a temperaturas mais baixas.

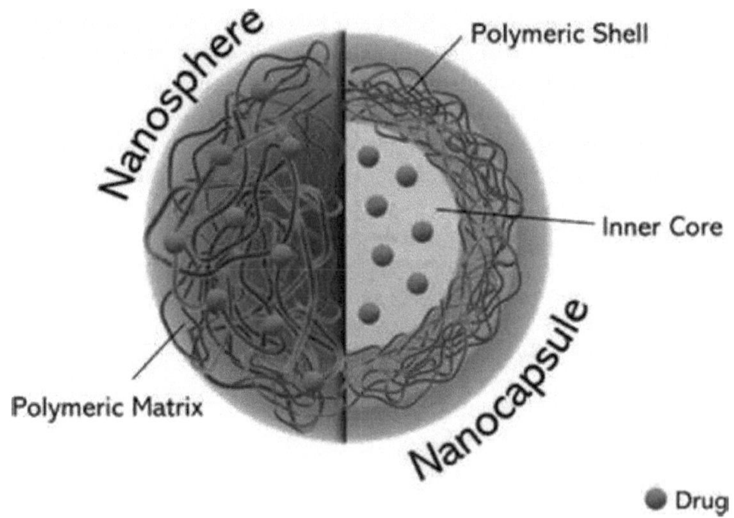

- Os materiais isolantes nanoporosos na indústria da construção podem ajudar a reduzir a energia necessária para aquecer e arrefecer os edifícios.

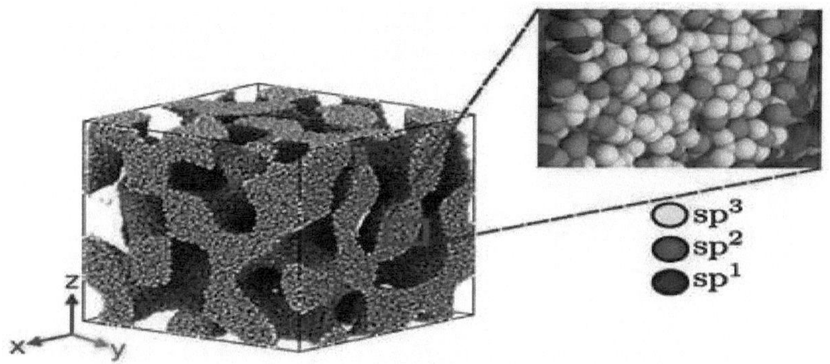

- Os revestimentos de corrosão nanocerâmicos para metais sem metais pesados tóxicos (crómio, níquel), por exemplo em automóveis, podem substituir camadas de crómio (VI) perigosas ou nocivas para o ambiente.

- O dióxido de titânio e a sílica à escala nanométrica podem substituir o bromo, nocivo para o ambiente, nos retardadores de chama.

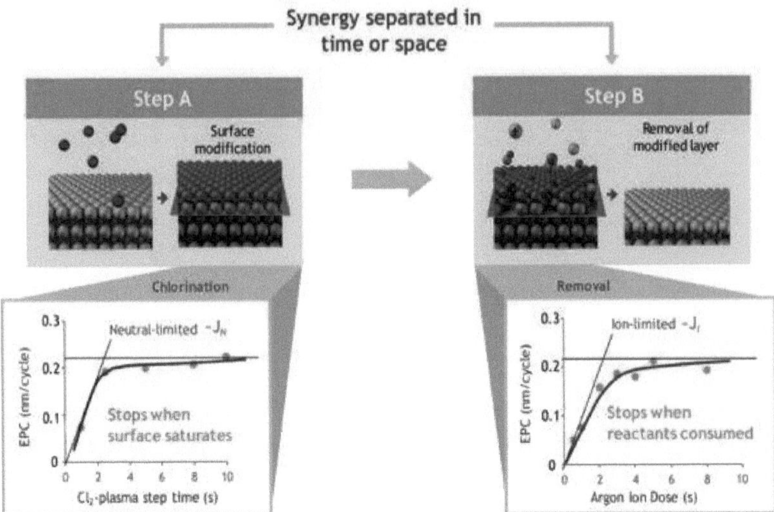

Yu e Xie [19] resumiram os progressos recentes no estudo dos nanofluidos, tais como os métodos de preparação, os métodos de avaliação da estabilidade dos nanofluidos e as formas e mecanismos para melhorar a estabilidade dos nanofluidos. Apresentaram a vasta gama de aplicações actuais e futuras dos nanofluidos em vários domínios, como a energia, a mecânica e a biomedicina. No seu artigo, referiram que os nanofluidos foram preparados através dos seguintes métodos mais utilizados:

- **Método em duas etapas:** Foi considerado o método mais utilizado e económico para a preparação de nanofluidos. As nanopartículas, nanofibras, nanotubos ou outros nanomateriais utilizados neste método foram inicialmente produzidos como pós secos por métodos químicos ou físicos. Em seguida, o pó nanométrico será disperso num fluido na segunda fase de processamento com a ajuda de agitação intensiva por força magnética, agitação ultra-sónica, mistura de alto cisalhamento, homo-genização e moagem de bolas.
- **Método de uma só etapa:** Consiste em fabricar e dispersar simultaneamente as partículas no fluido. Neste método, evitam-se os processos de secagem, armazenamento, transportação e dispersão das nanopartículas.

Markovic et al. [20] apresentaram uma panorâmica das tecnologias da informação e da comunicação (TIC) que beneficiam do desenvolvimento da nanotecnologia no que respeita à sustentabilidade e à eficiência energética. Referiram que a indústria estava a beneficiar da nanotecnologia de muitas formas, incluindo as suas aplicações em sensores mais inteligentes, elementos lógicos, pastilhas para computadores, dispositivos de armazenamento de memória, optoelectrónica e computação quântica. Além disso, os nanomateriais podem ser utilizados para melhorar a capacidade das baterias e das células solares. Tan et al. [21] analisaram as aplicações e vantagens dos nanotubos de carbono na conversão e armazenamento de energia, nomeadamente em células solares, células de combustível, armazenamento de hidrogénio, baterias de iões de lítio, supercapacitores electroquímicos e na conceção de nanocompósitos ecológicos. Concluíram que os nanotubos de carbono apresentam as seguintes vantagens

- A integração de nanotubos de carbono em células solares e de combustível aumentou a eficiência de conversão de energia destes dispositivos, que serviram como o futuro das fontes de energia renováveis.
- Os nanotubos de carbono dopados com hidretos metálicos revelaram uma elevada capacidade de armazenamento de hidrogénio de cerca de 6 wt% como potencial meio de armazenamento de hidrogénio.
- Apresentaram uma elevada sensibilidade para a deteção de poluentes ambientais que foi demonstrada pela utilização de sensores baseados em nanotubos de carbono.
- Os nanotubos de carbono podem ser utilizados como material de reforço em nanocompósitos verdes, o que é vantajoso para fornecer as propriedades desejadas.

Daryoush e Darvish [22] investigaram a aplicação de nanomateriais para reduzir o consumo de energia. No seu artigo, referem que os materiais nanocompósitos à base de polímeros (matriz polimérica) foram apresentados pela primeira vez na década de 1970 e que a tecnologia Sol-Gel foi utilizada para dispersar as nanopartículas minerais no interior da matriz polimérica. Além disso, a nano-alumina era a melhor nano-estrutura que prometia um novo horizonte na indústria cerâmica. Ilustraram também que os nano tubos eram uma nova classe de produtos e que tinham criado uma nova revolução no domínio dos materiais avançados. Sugeriram as seguintes recomendações:

- Ao utilizar a nanotecnologia no sector da produção, os combustíveis não renováveis podem ser poupados para a produção de eletricidade. Por conseguinte, foi recomendada a utilização de nanomateriais na conceção dos centros de fabrico de energia.

- A utilização dos nanofios nos sectores de transmissão e distribuição de energia eléctrica permite reduzir as perdas de eletricidade na rede e a eletricidade produzida. Por conseguinte, a redução da eletricidade produzida levará à redução do consumo de combustíveis fósseis e não renováveis.
- Os nanomateriais podem ser utilizados na conceção de edifícios e instalações industriais, a fim de reduzir as perdas de energia térmica e de arrefecimento resultantes do consumo de eletricidade e do consumo direto de energias não renováveis.

4.3. Referências

[1]. Ahmed Kadhim Hussein https://doi.org/10.1016/j.rser.2014.10.027.

[2]. H. Lund. Renewable strategies for sustainable development Energy (2007).

[3]. W. Suh et al. Nanotecnologia, nanotoxicologia e neurociência. Progresso
Neurobiol (2009).

[4]. K. Savolainen et al.
Nanotecnologias, nanomateriais artificiais e saúde no trabalho. Segurança
Sci (2010).

[5]. E. Serrano et al. Nanotecnologia para a energia sustentável. Energia renovável
Sustainable Energy Rev. (2009).

[6]. A. Subramani et al.
Utilização de estratégias de minimização de energia para dessalinização: uma revisão
Water Res (2011).

[7]. D. Markovic et al.
Impacto dos avanços nanotecnológicos nas TIC na eficiência da sustentabilidade.
Renewable Sustainable Energy Rev (2012).

[8]. A. Zuttel et al. Armazenamento de hidrogénio em nanoestruturas de carbono.
Int J Hydrogen Energy (2002).

[9]. M. Danilov et al.
Nanofibras de carbono como materiais adsorventes de hidrogénio para fontes de energia.
J. Power Sources (2008).

[10]. J. Jang et al. Int J Hydrogen Energy (2008).
[11]. J. Best et al.
Nanotecnologia para a produção fotolítica de H2: oxidação anódica coloidal.
Int J Hydrogen Energy (2009\).
[12]. Nanofibras fotocatalíticas melhoradas com partículas de casca de gema.
Journal of Colloid and Interface Science (2024).
[13]. Estratégias nanométricas para a eliminação de gases com efeito de estufa - revisão global.
Nano Today (2024).
[14]. Caracterização potencialidade derivados de plantas. em condições de privação de H2,
Chemosphere (2024).
[15]. Preparação e otimização de células solares CdSe/ZnTe totalmente inorgânicas.
Materiais para energia solar e células solares (2024).
[16]. Aumento do coletor tubular da calha do destilador, nanorevestimento, nanofluido.
Energia solar (2024).
[17]. Efeito da temperatura de recozimento para aplicações optoelectrónicas,
Materiais ópticos (2024)
[18]. N. Saba, ..., O.Y. Alothman.
Potential of bioenergy production from based on Malaysian perspective.
Renewable and Sustainable Energy Reviews, Vol. 42, 2015, pp. 446-459.
[19]. Bharat A. Bhanvase, Vijay B. Pawade.
Advanced Nanomaterials Perspectives Nanomaterials for Green Energy,
2018, pp. 457-472.
[20]. Kavitha Pathakoti, ..., Huey-Min Hwang.
Aplicações nanotecnológicas para a indústria ambiental.
Handbook of Nanomaterials for Industrial Applications, 2018, pp. 894-907.

Capítulo (5)

Sistemas de energia renovável topo de gama baseados em Inteligência Artificial

5.1. Prefácio

A transição global para fontes de energia sustentáveis levou a um aumento da integração de sistemas de energias renováveis (FER) nas redes eléctricas existentes. Para melhorar a eficiência, a fiabilidade e a viabilidade económica destes sistemas, a aplicação sinérgica de métodos de inteligência artificial (IA) surgiu como uma via promissora. Este estudo apresenta uma revisão abrangente do estado atual da investigação na intersecção das energias renováveis e da IA, destacando as principais metodologias, desafios e realizações. Abrange um espetro de utilizações da IA na otimização de diferentes facetas das FER, incluindo a avaliação de recursos, a previsão de energia, a monitorização do sistema, as estratégias de controlo e a integração na rede. Os algoritmos de aprendizagem automática, as redes neuronais e as técnicas de otimização são explorados pelo seu papel em conjuntos de dados complexos, melhorando as capacidades de previsão e adaptando dinamicamente as FER. Além disso, o estudo discute os desafios enfrentados na implementação da IA nas FER, tais como a variabilidade dos dados, a interpretabilidade dos modelos e a adaptabilidade em tempo real. Os potenciais benefícios de ultrapassar estes desafios incluem o aumento do rendimento energético, a redução dos custos operacionais e a melhoria da estabilidade da rede. A análise conclui com uma exploração das perspectivas e tendências emergentes neste domínio. Os avanços previstos na IA, como a IA explicável, a aprendizagem por reforço e a computação de ponta, são discutidos no contexto do seu potencial impacto nas FER optimizadas. Além disso, o documento prevê a integração de soluções baseadas em IA em redes inteligentes, sistemas de energia descentralizados e o desenvolvimento de sistemas de gestão de energia autónomos. Esta investigação fornece informações importantes sobre o panorama atual das aplicações de IA nas FER.

5.2. Introdução

Os sistemas de energias renováveis (FER) tornaram-se mais fiáveis, eficientes e sustentáveis com a inclusão de técnicas de inteligência artificial (IA). Nos últimos anos, uma quantidade crescente de literatura tem explorado o potencial dos métodos de otimização baseados em IA para revolucionar vários aspectos das FER, desde a avaliação de recursos até à operação e manutenção do sistema. No entanto, apesar do crescente interesse e dos avanços neste campo, continua a existir uma lacuna crítica na sintetização da literatura existente, na análise crítica dos resultados da investigação e na definição de futuras direcções de investigação. Este estudo pretende colmatar esta lacuna de investigação, fornecendo uma revisão detalhada da literatura sobre a otimização das FER através de metodologias de IA, ao mesmo tempo que oferece uma crítica matizada das abordagens actuais e destaca áreas para exploração futura. Ao consolidar as percepções de diversos estudos, esta investigação procura sublinhar a originalidade da investigação ao sintetizar descobertas díspares, identificando tendências abrangentes e elucidando os mecanismos subjacentes que impulsionam a eficácia da IA na otimização das FER [1, 2].

A lógica subjacente à realização desta investigação reside na necessidade premente de aproveitar toda a força das tecnologias de IA para enfrentar os desafios multifacetados que o sector das energias renováveis enfrenta. Com a aceleração das alterações climáticas e o aumento da procura de energia, existe um imperativo urgente de implementar soluções inovadoras que possam maximizar a utilização de recursos renováveis, mitigando simultaneamente os impactos ambientais e assegurando a viabilidade económica. Ao analisar criticamente o estado da arte da otimização das FER através da IA, este estudo procura informar os decisores políticos, os investigadores e as partes interessadas da indústria sobre as oportunidades e limitações inerentes às abordagens actuais e orientar os futuros esforços de investigação para soluções mais eficazes e sustentáveis. No domínio das FER, a integração da IA tornou-se uma via promissora para a otimização. A convergência das tecnologias de energias renováveis e da IA apresenta uma nova abordagem que tem um potencial significativo para melhorar a eficiência, a fiabilidade e a sustentabilidade do sistema. Embora estudos anteriores tenham aprofundado as aplicações da IA em vários domínios, a intersecção específica da IA com as FER permanece relativamente pouco explorada. Esta investigação visa colmatar esta lacuna, fornecendo uma revisão abrangente do estado atual da utilização da IA na otimização das FER e delineando as perspectivas neste domínio [3]. A lógica subjacente à realização desta investigação reside na necessidade premente de resolver as limitações enfrentadas pelas FER tradicionais, tais como a intermitência, a integração na rede e a eficiência. Ao aproveitar as capacidades da IA, incluindo algoritmos de aprendizagem automática e análises preditivas, é possível desenvolver sistemas inteligentes que se podem adaptar a condições ambientais dinâmicas, prever a produção de energia e otimizar a atribuição de recursos.2 Esta investigação procura analisar criticamente a literatura existente, identificar lacunas no conhecimento e propor estratégias inovadoras para alavancar a IA de modo a ultrapassar as limitações das actuais FER. Além disso, a originalidade desta investigação advém do seu enfoque na intersecção de dois campos de ponta: energias renováveis e IA. Ao sintetizar conhecimentos de diversas fontes, incluindo estudos sobre processos cognitivos relacionados com o pensamento orientado para o futuro,3 interfaces cérebro-computador,4 e funções de memória,5 esta investigação pretende oferecer uma perspetiva única sobre a forma como a IA pode revolucionar o sector das energias renováveis. A síntese destas perspectivas interdisciplinares não só contribuirá para o avanço da compreensão teórica das aplicações da IA nas FER, como também fornecerá recomendações práticas para a indústria, as partes interessadas e os decisores políticos. Esta investigação procura preencher uma lacuna crucial nos estudos existentes, explorando o potencial inexplorado da IA na otimização das FER. Ao analisar criticamente o estado atual da investigação, destacando a originalidade da abordagem proposta e delineando futuras direcções de investigação, este estudo pretende abrir caminho a soluções inovadoras que possam acelerar a mudança para um panorama energético mais eficiente e sustentável.

A análise crítica do estudo implica o exame dos pontos fortes, dos pontos fracos e das implicações da investigação, bem como das suas potenciais contribuições para os domínios das energias renováveis e da

IA. É provável que o estudo utilize uma metodologia de revisão sistemática da literatura para reunir e analisar a investigação existente sobre o tema, garantindo uma cobertura abrangente e a robustez das conclusões. No entanto, as limitações da metodologia, tais como potenciais enviesamentos na seleção da literatura e interpretação subjectiva dos resultados, podem ter impacto na objetividade e generalização do estudo. A síntese da diversa literatura sobre aplicações de IA em FER fornece informações úteis sobre o estado atual das investigações e identifica tendências e desafios emergentes. A análise pode carecer de profundidade em determinadas áreas, nomeadamente na avaliação crítica da qualidade e do rigor de estudos individuais, o que pode levar a conclusões excessivas ou a ignorar nuances nos resultados [4].

É provável que o estudo identifique lacunas e deficiências fundamentais na investigação existente, destacando áreas para investigação e inovação adicionais. No entanto, a identificação de lacunas na investigação pode ser subjectiva e influenciada pelas perspectivas dos autores, podendo passar ao lado de importantes vias de investigação ou interpretar mal o significado dos estudos existentes. É provável que o estudo ofereça recomendações valiosas para futuras direcções de investigação e implicações práticas para investigadores, decisores políticos e partes interessadas da indústria. No entanto, a viabilidade e a aplicabilidade destas recomendações podem variar em função de factores contextuais como a preparação tecnológica, os quadros regulamentares e a dinâmica do mercado, que merecem uma análise cuidadosa. Os contributos do estudo residem nos seus esforços para sintetizar o conhecimento existente, identificar lacunas de investigação e oferecer perspectivas sobre o potencial da IA na otimização das FER. No entanto, o impacto do estudo pode ser limitado por factores como o enviesamento da publicação, os enviesamentos geográficos e sectoriais na literatura e a natureza dinâmica dos avanços tecnológicos e dos cenários políticos.

Esta investigação lança luz sobre vários tópicos importantes, tais como as ligações entre as políticas comerciais e as emissões de carbono, a influência da eficiência energética nas emissões de carbono, a dinâmica da hipótese da curva de Kuznets ambiental, o lugar da IA na mudança energética e o potencial das tecnologias da informação e da comunicação (TIC) na redução das emissões de carbono. Para sublinhar mais explicitamente os seus contributos inovadores, apresenta-se aqui um alinhamento pormenorizado com resultados de investigação recentes [5, 6].

O presente estudo situa-se na intersecção de várias discussões fundamentais, tal como evidenciado pela literatura recente. Um estudo de Li e Wang intitulado "O impacto da eficiência energética nas emissões de carbono: Evidence from the transportation sector in Chinese 30 provinces" contribui com dados empíricos que demonstram a ligação entre o aumento da eficiência energética e a diminuição das emissões de carbono no sector dos transportes, oferecendo perspectivas de intervenções políticas para mitigar os impactos ambientais. Além disso, um estudo intitulado "Revisiting the environmental Kuznets curve hypothesis in 208 counties: The roles of trade openness, human capital, renewable energy, and natural resource rent" fornece uma análise abrangente da hipótese da Curva de Kuznets Ambiental (EKC), considerando as energias renováveis, os papéis da abertura comercial, do capital humano e da renda dos recursos naturais na modelação da dinâmica da degradação ambiental nos diferentes países [7]. "Does artificial intelli-gence promote energy transition and curb carbon emissions? The role of trade openness" explora o potencial da IA para facilitar a transição energética e reduzir as emissões de carbono, destacando a importância da abertura comercial como fator facilitador deste processo [8]. "Revisiting the EKC Hypothesis of Carbon Emissions: Exploring the Impact of Geopolitical Risks, Natural Resource Rents, Corrupt Governance, and Energy Intensity" revisita a hipótese EKC das emissões de carbono, examinando a influência das rendas dos recursos naturais, dos riscos geopolíticos, da governação corrupta e da intensidade energética nos resultados ambientais, oferecendo uma visão dos complexos factores determinantes das emissões de carbono [9].

Este estudo fornece uma síntese valiosa da investigação existente sobre a integração de metodologias de IA nas FER. No entanto, a sua análise crítica deve considerar as limitações metodológicas, potenciais enviesamentos e factores contextuais que moldam o panorama da investigação para aumentar a credibilidade, a relevância e o impacto. Uma área de novidade reside na exploração abrangente da forma como a IA pode otimizar as FER para mitigar as emissões de carbono. Ao sintetizar os resultados de uma literatura diversificada e oferecer perspectivas sobre os efeitos sinérgicos da IA, das energias renováveis e das políticas ambientais, o estudo enriquece o discurso e contribui para o avanço do conhecimento nesta área crítica. Em última análise, esta análise exaustiva fornece aos investigadores, profissionais e decisores políticos um roteiro para navegar na otimização assistida por IA das FER.

Ao sintetizar os conhecimentos existentes e ao projetar direcções futuras, o artigo espera contribuir para o debate em curso sobre o modo como os futuros desenvolvimentos no domínio da energia sustentável serão grandemente influenciados pela IA [10].

5.3. Sistemas de energia renovável

Ao contrário dos combustíveis fósseis, que levam milhões de anos a desenvolver-se, as FER são fontes de energia que se renovam naturalmente ao longo de um período de tempo humano. Oferecem uma alternativa limpa e sustentável às fontes de energia tradicionais e estão a tornar-se cada vez mais importantes na luta contra as alterações climáticas [11]. As FER existem numa grande variedade, cada uma com vantagens e desvantagens únicas. Algumas das mais comuns incluem a energia geotérmica, a energia eólica, a energia solar, a bioenergia e a energia hidroelétrica [12, 13]. Os painéis fotovoltaicos são utilizados para recolher a energia solar e transformar a luz do sol em eletricidade. A energia solar está a tornar-se cada vez mais acessível, eficiente e uma escolha popular para casas e empresas. As turbinas eólicas são utilizadas para captar a energia do vento e transformar a energia cinética do vento em energia eléctrica. A energia eólica é uma fonte de energia comprovada e amiga do ambiente que funciona melhor em locais com ventos fortes e constantes [14]. A energia hidroelétrica utiliza a queda de água dos rios ou barragens para produzir eletricidade. Embora a energia hidroelétrica seja uma fonte de energia renovável bem estabelecida e fiável, pode ter efeitos desfavoráveis no ecossistema, como a perturbação das populações de peixes. O calor do interior da Terra é conhecido como energia geotérmica. Pode ser utilizada para cultivar, aquecer edifícios e produzir energia. Embora a sua disponibilidade seja limitada, a energia geotérmica é uma fonte de energia renovável fiável e amiga do ambiente. A bioenergia é a energia produzida a partir de materiais orgânicos, como a madeira, as culturas ou o estrume [15]. A bioenergia pode ser utilizada para gerar calor, eletricidade ou combustíveis para transportes. A bioenergia é uma fonte de energia renovável versátil, mas pode ser controversa devido a preocupações com a desflorestação e a concorrência com a produção de alimentos.

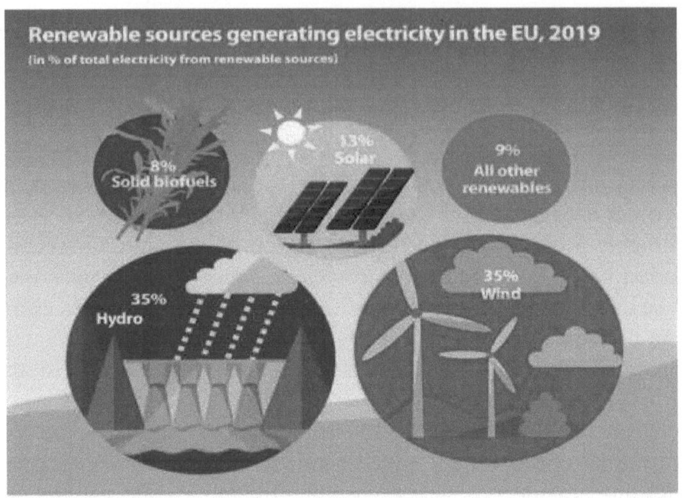

ec.europa.eu/eurostat

Em comparação com as fontes de energia convencionais, as FER têm várias vantagens. Na luta contra as alterações climáticas, as fontes de energia renováveis emitem poucos ou nenhuns gases com efeito de estufa. Ao contrário dos combustíveis fósseis, que acabam por se esgotar, as fontes de energia renováveis renovam-se naturalmente. As energias renováveis estão a ficar rapidamente mais baratas, pelo que muitas FER são atualmente mais acessíveis do que as fontes de energia convencionais. É possível obter um fornecimento consistente de eletricidade a partir de certas fontes de energia renováveis, como a energia hidroelétrica, que é incrivelmente fiável [16]. Existem muitos tipos diferentes de origens de energia renovável, pelo que há uma opção de energia renovável para quase todos os locais.

Embora as tecnologias de energias renováveis ofereçam vantagens, existem também vários inconvenientes. Dependendo do brilho do sol ou do vento, muitas fontes de energia renováveis, como a solar e a eólica, só podem gerar eletricidade de forma intermitente. Por este motivo, a sua integração na rede eléctrica pode ser um desafio. O armazenamento de energia renovável pode ser dispendioso e ineficiente. Isto pode dificultar a utilização de energias renováveis para satisfazer os picos de procura de eletricidade. A transmissão de energia renovável do local onde é produzida para o local onde é necessária pode ser dispendiosa e ineficiente. Certas tecnologias de energias renováveis, como os parques eólicos e a energia hidroelétrica, podem necessitar de muitos terrenos. Isto pode levar a conflitos com outras utilizações do solo, como a agricultura e a conservação. Alguns projectos de energias renováveis podem ter impactos sociais negativos, como a deslocação de comunidades locais ou danos à vida selvagem [17]. Apesar destes obstáculos, as energias renováveis são a energia do futuro. As energias renováveis tornar-se-ão cada vez mais cruciais para satisfazer as nossas necessidades energéticas à medida que os seus custos diminuírem e os problemas de intermitência e armazenamento forem resolvidos [18].

5.4. O papel da IA na melhoria da eficiência das RET

As RET, ou tecnologias de energias renováveis, são cruciais para enfrentar o desafio energético global. Por exemplo, a energia eólica e a energia solar são exemplos de RET que ganharam uma atenção significativa devido ao seu potencial para atenuar os impactes ambientais e reduzir a dependência dos combustíveis fósseis [19]. No entanto, a integração bem sucedida das RET nos sistemas energéticos exige estratégias abrangentes que tenham em conta as poupanças de energia, as medidas de eficiência e os indicadores de sustentabilidade [20, 21]. Além disso, a perspetiva social sobre a autonomia das energias renováveis realça a necessidade de exemplos específicos e estudos de caso para compreender os desafios e oportunidades associados à implantação das ERT, como demonstrado pelo cancelamento de projectos eólicos devido à oposição pública [22]. Além disso, o potencial das RET em países como a China e o Irão realça a importância de abordar eficazmente as lacunas tecnológicas e o saber-fazer para aproveitar os recursos de energias renováveis [23, 24].

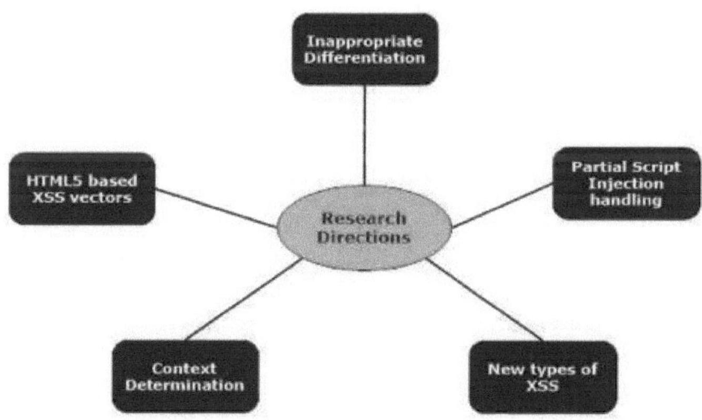

As RET são fundamentais na transição global para fontes de energia sustentáveis. No entanto, para maximizar o seu potencial e acelerar a transição para um futuro mais verde, é crucial aumentar a eficiência das RET. A IA surgiu como uma ferramenta poderosa neste objetivo, oferecendo soluções inovadoras para otimizar, monitorizar e gerir as FER. O papel multifacetado da IA na melhoria da eficiência das RET está resumido na Figura.

Ilustração esquemática do papel da inteligência artificial na melhoria da eficiência das tecnologias de energias renováveis.

A IA desempenha um papel vital na manutenção preditiva, uma abordagem proactiva à manutenção de equipamentos que visa prever falhas antes de estas ocorrerem. Para RETs como painéis solares e turbinas eólicas, os algoritmos de IA podem analisar grandes quantidades de dados, incluindo temperatura, métricas de desempenho e padrões climáticos. Ao detetar anomalias ou padrões indicativos de potenciais problemas, a IA pode permitir uma manutenção atempada, reduzir o tempo de inatividade e maximizar a produção de energia. A utilização eficiente de recursos renováveis, como a luz solar e o vento, é essencial para uma produção óptima de energia. Os algoritmos de IA podem analisar dados históricos e em tempo real para prever a disponibilidade de recursos. Por exemplo, a IA pode prever a cobertura de nuvens para painéis solares ou padrões de vento para turbinas. Esta informação permite uma programação precisa da produção de energia, garantindo que as RET funcionam com a máxima eficiência. A integração das RET nas redes eléctricas existentes coloca desafios devido à sua natureza intermitente. A IA oferece soluções para a estabilidade e a gestão da rede. Os sistemas alimentados por IA podem prever a produção de energia a partir de energias renováveis, permitindo aos operadores de rede equilibrar eficazmente a oferta e a procura.

Além disso, a IA pode otimizar o encaminhamento da eletricidade através da rede, minimizando as perdas de transmissão e melhorando a eficiência global. Os sistemas de controlo orientados para a IA melhoram o desempenho das RET, ajustando continuamente os parâmetros para obter a máxima eficiência. No caso da energia solar, a IA pode otimizar o posicionamento dos painéis solares para captar o máximo de luz solar ao longo do dia. Do mesmo modo, no caso das turbinas eólicas, os algoritmos de IA podem ajustar os ângulos das pás em tempo real para otimizar a captação de energia, minimizando o esforço do sistema. O armazenamento de energia é fundamental para ultrapassar a natureza intermitente das energias renováveis. Os algoritmos de IA optimizam os sistemas de armazenamento de energia (ESS) através da previsão dos padrões de produção e consumo de energia. Isto permite o carregamento e descarregamento inteligente das baterias, maximizando a sua vida útil e eficiência. Além disso, a IA pode identificar as alturas mais rentáveis para armazenar ou libertar energia com base nos preços de mercado. Ao melhorar a eficiência e reduzir os custos de manutenção, a IA contribui para a redução global dos custos das RET. À medida que a tecnologia de IA avança e se torna mais acessível, aumenta a escalabilidade dos projectos de energias renováveis. As soluções baseadas na IA tornam as RET mais economicamente viáveis e atractivas, desde as instalações de pequena escala até aos grandes parques solares ou eólicos. A integração da IA nas tecnologias de energias renováveis representa um passo significativo em direção a um futuro energético sustentável e eficiente. A capacidade da IA para processar grandes quantidades de dados, tomar decisões em tempo real e otimizar o desempenho do sistema está a revolucionar o sector das energias renováveis. À medida que continuamos a aproveitar o poder da IA, podemos esperar mais avanços na eficiência, fiabilidade e acessibilidade das RETs, aproximando-nos de uma paisagem energética mais limpa e sustentável.

5.5. Análise crítica do trabalho realizado sobre a aplicação de IA no desenvolvimento de RETs

As aplicações da IA no desenvolvimento das RET têm sido objeto de uma investigação aprofundada. Diferentes investigações têm explorado a utilização da IA em vários aspectos das RET, tais como processos de tomada de decisão, algoritmos de otimização e gestão da cadeia de abastecimento [25-27]. A integração da IA nas RET tem-se revelado promissora na melhoria do desempenho operacional, da sustentabilidade e da rentabilização dos dados. No entanto, a aplicação da IA nas RET não está isenta de desafios. Os investigadores destacaram os inconvenientes associados às tecnologias de IA, como o elevado consumo de energia. Além disso, foram levantadas preocupações quanto aos preconceitos nos sistemas de IA, aos desafios éticos e à necessidade de desenvolvimento e aplicação responsáveis da IA em vários sectores, incluindo a educação e o marketing [28-30]. Os potenciais inconvenientes da IA no desenvolvimento de RET incluem questões relacionadas com o processamento de dados, limitações de análise e a necessidade de melhorar as capacidades de IA para uma compreensão mais abrangente de formatos de dados não numéricos [31]. Scho-lars propôs várias soluções para enfrentar estes desafios. Alguns sugeriram a utilização de sistemas imunitários artificiais (AIS) como alternativa aos algoritmos de otimização tradicionais para ultrapassar as limitações práticas.26 Outros sublinharam a importância de uma técnica de conceção sensível ao valor (VSD) para coordenar eficazmente as aplicações de IA e abordar as questões éticas [23]. Além disso, foi recomendada a incorporação dos ensinamentos dos sistemas especializados no desenvolvimento de tecnologias de IA para melhorar o desempenho e a fiabilidade dos sistemas de IA [33]. Embora as aplicações de IA no desenvolvimento de RET ofereçam vantagens significativas no que respeita à sua eficiência e sustentabilidade, os investigadores identificaram vários inconvenientes que têm de ser resolvidos. Tirando partido de abordagens inovadoras, como o AIS, os quadros VSD e os ensinamentos dos sistemas periciais, as limitações da IA no desenvolvimento das RET podem ser atenuadas, conduzindo a aplicações mais robustas e eticamente adequadas no sector das energias renováveis.

5.6. Aplicação da IA nas FER

A importância da IA na melhoria das FER está a tornar-se mais amplamente reconhecida. A investigação demonstrou como a IA pode melhorar várias caraterísticas relacionadas com as energias renováveis, incluindo o controlo, o funcionamento, a manutenção, o armazenamento e a monitorização do sistema [34]. A integração da IA na governação dos sistemas energéticos é considerada essencial para melhorar a conceção, as operações, a utilização e a gestão dos riscos no sector da energia [35]. Além disso, a aplicação de métodos de IA tem-se revelado muito promissora para enfrentar os desafios relacionados com a produção de energias renováveis, incluindo os custos iniciais, as limitações geográficas e as capacidades de armazenamento [36].

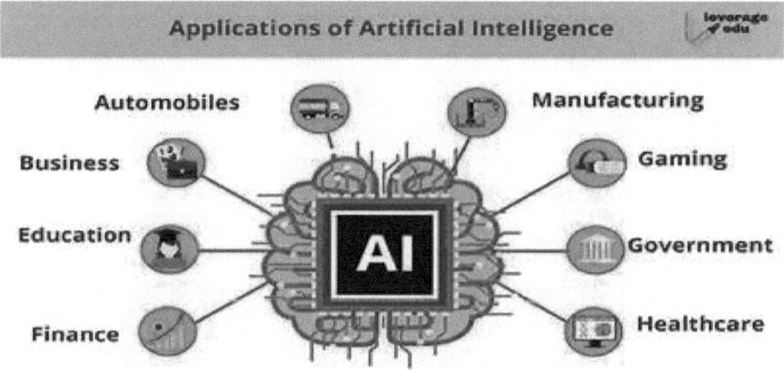

A eficiência, a acessibilidade e a sustentabilidade aumentaram devido às melhorias substanciais introduzidas nas FER pela IA. Uma área fundamental em que a IA tem sido fundamental é a da manutenção, monitorização, funcionamento e armazenamento das fontes de energia renováveis. A IA permitiu uma melhor gestão dos problemas de geração de energia renovável, como os custos iniciais, as limitações geográficas e os constrangimentos de armazenamento [36]. Além disso, a IA tem sido utilizada para otimizar os sistemas energéticos, facilitar a gestão da rede inteligente e apoiar a transição para a sustentabilidade [37, 38]. Além disso, a IA é crucial para a produção, conversão e distribuição de energia renovável, oferecendo soluções inteligentes para lidar com as operações dinâmicas e complexas dos sistemas integrados de energia renovável [39, 40]. Tecnologias de IA como as redes neuronais profundas e a Internet das coisas (IoT) têm sido utilizadas para melhorar o desempenho dos conversores electrónicos de potência em FER, melhorando assim a eficiência global do sistema [41]. Além disso, a IA foi integrada na previsão pro-babilística das energias renováveis utilizando técnicas baseadas na física, permitindo previsões mais exactas para a produção de energias renováveis [42]. Vários estudos científicos recentes concentraram-se na avaliação da praticabilidade das fontes de energia renováveis utilizando sistemas de informação geográfica [43]. A eficiência da energia solar renovável de quatro regiões diferentes foi analisada através do poder de previsão de uma inovadora rede difusa adversária geradora baseada em IA [44]. A fusão de abordagens de IA com metodologias baseadas na física para a previsão probabilística de energias renováveis pôs em evidência a aplicação da IA na avaliação do potencial de energias renováveis. As técnicas de aprendizagem automática, como a regressão por processo gaussiano, a regressão por vetor de apoio, a inferência neuro-fuzzy e as redes neuronais artificiais (RNA), têm sido discutidas para a produção integrada de energia renovável, salientando os desafios colocados pelos padrões de produção intermitente e as incertezas nas FER [45].

A partir destes estudos, pode deduzir-se que a utilização da IA nas FER se estende à manutenção preditiva, em que os sistemas assistidos por IA ajudam na manutenção proactiva das infra-estruturas de energias renováveis, garantindo um desempenho e uma longevidade óptimos [46]. Além disso, a IA tem sido fundamental na análise de dados de materiais para energias renováveis, reduzindo os custos de produção e melhorando a descoberta de materiais para aplicações de energia limpa [47]. As tecnologias de IA também têm sido aplicadas em esquemas de gestão de dados energéticos para dispositivos IoT inteligentes, contribuindo para práticas de gestão de energia seguras e inteligentes [48]. A incorporação da IA nas FER resultou em mudanças revolucionárias, melhorando a eficiência operacional, reforçando as capacidades preditivas e impulsionando os avanços na descoberta de materiais para energias limpas. A combinação da IA com as fontes de energia renováveis é muito promissora para a obtenção de sistemas energéticos sustentáveis e eficientes no futuro. No contexto dos mercados da eletricidade, a IA tem a capacidade de revolucionar a negociação no mercado e o matchmaking das energias renováveis, especialmente com a integração contínua das fontes renováveis nas redes inteligentes [49]. Além disso, a combinação da IA com as energias renováveis desempenha um papel vital na consecução da sustentabilidade ambiental e na evolução para emissões líquidas nulas. A utilização da IA nos mercados da energia e nos sistemas de energia é uma área de investigação em crescimento que visa dar resposta a desafios complexos enfrentados pelo sector da energia, como a integração de fontes renováveis na rede e a gestão da procura crescente de energia. Apesar das oportunidades que a IA apresenta, a aplicação da IA no domínio das energias renováveis continua a ser pouco visada, tanto na indústria como no meio académico. No entanto, as tendências da investigação indicam uma mudança no sentido de tirar partido da IA para a automatização dos sistemas energéticos das cidades inteligentes, dando ênfase à eficiência e ao trabalho futuro neste domínio [50]. Além disso, a utilização de algoritmos de IA na otimização da eficiência energética em edifícios e casas inteligentes demonstra a versatilidade da IA na gestão da energia [51, 52]. A sinergia entre a IA e as FER tem um enorme potencial para o avanço das práticas energéticas sustentáveis. Ao aproveitar as tecnologias de IA, as partes interessadas podem otimizar a produção de energia, melhorar a eficiência do sistema e ajudar na mudança global para fontes de energia mais ecológicas.

As ferramentas de otimização de conceção baseadas em IA demonstraram produzir melhorias substanciais em termos de precisão, tal como evidenciado por estudos que indicam uma redução dos erros de conceção e das iterações até 30%.53 Além disso, os processos de instalação simplificados facilitados pela IA podem conduzir a poupanças de tempo que variam entre 20% e 40% em comparação com os métodos tradicionais [53, 54]. Nos sistemas de manutenção preditiva, as soluções baseadas na IA demonstraram o potencial para diminuir o tempo de inatividade dos equipamentos até 50% e prolongar a vida útil das máquinas em 20% a 40% [55]. Os sistemas de monitorização e controlo em tempo real, orientados por algoritmos de IA, mostraram-se promissores no aumento da fiabilidade do sistema, com relatos de uma redução de até 25% nas falhas do sistema [56].

A integração de ferramentas de IA produziu resultados profundos na melhoria da conceção, instalação e avaliação do desempenho das RET. Ao tirar partido dos algoritmos de IA e da análise de dados, vários intervenientes no sector das energias renováveis obtiveram inúmeros benefícios ao longo destas fases de implementação das RET. Em primeiro lugar, na fase de projeto, as ferramentas de IA revolucionaram o processo, permitindo uma modelação mais precisa e eficiente do sistema de energias renováveis. Podem ser analisadas grandes quantidades de dados utilizando algoritmos sofisticados, incluindo dados geográficos, meteo-lógicos e históricos de produção de energia, para otimizar o dimensionamento do sistema, a disposição e a seleção de componentes. Isto leva ao desenvolvimento de RETs mais rentáveis e fiáveis, adaptadas a condições ambientais específicas e a perfis de procura de energia.

Durante a instalação, a automação baseada em IA simplifica os processos de gestão e execução de projectos, reduzindo os custos e o tempo de conclusão. Os drones com IA, equipados com sensores e tecnologia de visão por computador, podem realizar levantamentos e inspecções aéreas, facilitando a avaliação do local, o mapeamento do terreno e a monitorização da construção. Além disso, os algoritmos de IA podem analisar dados em tempo real de sensores e dispositivos inteligentes para garantir a instalação e a colocação em funcionamento corretas do equipamento, minimizando os erros e maximizando o desempenho do sistema desde o início. Em termos de avaliação do desempenho, as ferramentas de IA oferecem capacidades de monitorização e otimização contínuas, permitindo a manutenção proactiva e a otimização do desempenho das RET ao longo do seu tempo de vida operacional. Os algoritmos de aprendizagem automática podem analisar dados operacionais, identificar tendências e prever potenciais problemas, permitindo aos operadores programar actividades de manutenção de forma preventiva e minimizar o tempo de inatividade. Adicionalmente, os sistemas de deteção de anomalias baseados em IA podem sinalizar desvios do desempenho esperado, levando a acções corretivas para manter a eficiência e fiabilidade ideais do sistema.

As ferramentas de IA demonstraram um potencial significativo para melhorar os processos de otimização da conceção, conduzindo a melhorias notáveis no desempenho do sistema e a poupanças de custos. A investigação demonstrou que a integração da IA na otimização da conceção pode resultar em ganhos de eficiência de 20-30% [57]. Este aumento é atribuído à capacidade dos sistemas orientados para a IA de reduzir o sobredimensionamento do equipamento e aumentar o rendimento energético, resultando em poupanças de custos que variam entre 10% e 20%. Além disso, a automatização dos processos de conceção através de tecnologias de IA pode melhorar a eficiência em 30-40%, reduzindo assim os prazos dos projectos e os custos de mão de obra [57]. Além disso, a utilização da automatização orientada para a IA nos processos de instalação demonstrou a capacidade de aumentar a eficiência em 30-40%, resultando na redução dos prazos dos projectos e dos custos de mão de obra [58]. Esta automatização não só simplifica as operações, como também contribui para poupanças substanciais em termos de tempo e despesas. Além disso, a utilização de drones e sistemas automatizados com IA tem sido associada a poupanças de custos que variam entre 50 000 e 100 000 dólares por megawatt instalado, atribuídas à diminuição das despesas com mão de obra e equipamento [59]. Estas conclusões sublinham os benefícios tangíveis da incorporação de tecnologias de IA em várias fases dos processos de conceção, otimização e implementação.

A avaliação do desempenho baseada na IA demonstrou um potencial significativo para melhorar o tempo de funcionamento do sistema através da manutenção preditiva e da deteção precoce de falhas. A investigação demonstrou que a manutenção proactiva possibilitada por ferramentas de IA pode resultar em poupanças substanciais de custos que variam entre 10 000 e 30 000 dólares por megawatt (MW) anualmente, atribuídas à diminuição do tempo de inatividade e das despesas de manutenção [59].

O impacto cumulativo da integração de ferramentas de IA ao longo do ciclo de vida das tecnologias de energias renováveis (RET) pode conduzir a uma melhoria total do desempenho de 25-40% [60]. Além disso, a utilização de eficiências impulsionadas pela IA em projectos de energias renováveis pode produzir poupanças de custos significativas que variam entre 100 000 e 200 000 dólares por MW instalado, dependendo da combinação de tecnologias e da aplicação específicas [59, 60]. Além disso, o sucesso da IA na melhoria das estratégias de manutenção foi demonstrado em diversos sectores, incluindo a indústria de armazenamento de petróleo [61]. No contexto do impacto da IA em diferentes indústrias, incluindo as energias renováveis e a manutenção, a qualidade dos dados utilizados para avaliação foi identificada como um fator importante que determina o desempenho final dos sistemas de IA [62].

5.7. Ferramenta de IA para o desenvolvimento de RETs

A determinação da "melhor" ferramenta de IA para o desenvolvimento de RETs depende de vários factores, incluindo os requisitos do projeto, a compatibilidade da tecnologia e os recursos disponíveis. Cada ferramenta de IA tem os seus méritos e deméritos, como mostra a Figura.

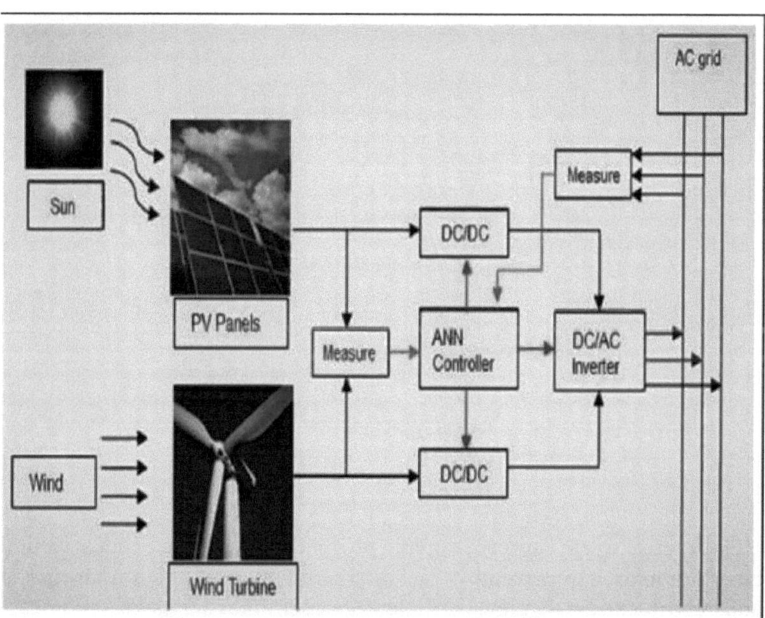

Esquema das principais ferramentas de IA utilizadas nas tecnologias de energias renováveis.

5.8. Algoritmos de aprendizagem automática

Por mérito próprio, as máquinas de vectores de suporte (SVM) e as ANN são exemplos de algoritmos de aprendizagem automática que se destacam em tarefas de modelação preditiva e reconhecimento de padrões. Oferecem flexibilidade e escalabilidade, permitindo a sua utilização numa vasta gama de aplicações de RET, incluindo previsão, otimização e deteção de falhas. No entanto, tem inconvenientes. Os algoritmos de aprendizagem automática necessitam de enormes conjuntos de dados para serem treinados e podem sofrer de sobreajuste ou enviesamento se não forem corretamente ajustados. Também pode ser difícil compreender o processo de decisão subjacente devido à sua potencial falta de interpretabilidade.

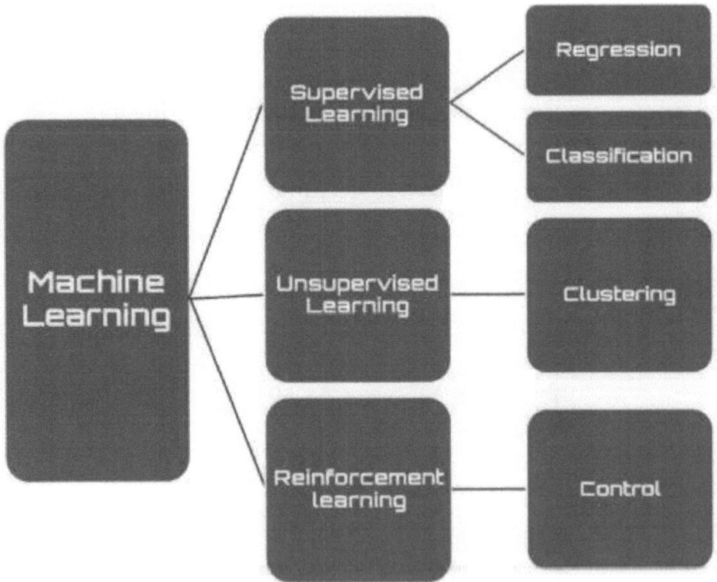

5.8.1. Técnicas de aprendizagem profunda

Os métodos de aprendizagem profunda, como as redes neurais convolucionais e recorrentes, são altamente eficazes no tratamento de dados complexos e de elevada dimensão, incluindo séries cronológicas e dados de imagens. Podem atingir um desempenho topo de gama em tarefas como o reconhecimento de imagens, o reconhecimento da fala e a previsão de séries temporais. No entanto, os critérios de avaliação são escassos. Os modelos de aprendizagem profunda necessitam frequentemente de recursos computacionais suficientes para a formação e a inferência, o que limita a sua escalabilidade em ambientes com recursos limitados. Também sofrem dos desafios da "caixa negra", em que o funcionamento interno do modelo não é facilmente interpretável.

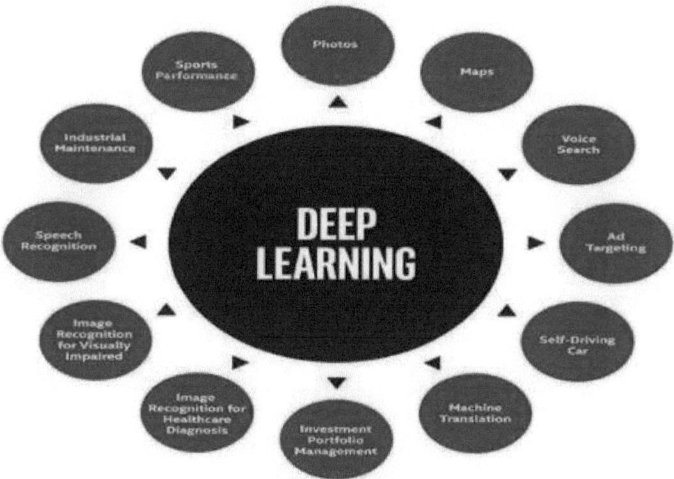

5.8.2. Algoritmos de otimização

Os algoritmos de otimização, como a otimização por enxame de partículas e os algoritmos genéticos, são excelentes para encontrar soluções óptimas para problemas de otimização complexos. Podem ser utilizados para maximizar a produção, armazenamento e distribuição de energia em sistemas RET. Os algoritmos de otimização podem ter dificuldade em lidar com problemas de otimização de elevada dimensão ou não convexos, conduzindo a soluções não optimizadas. Também requerem uma afinação cuidadosa dos parâmetros e podem ser computacionalmente intensivos, especialmente para problemas de otimização em grande escala.

Não existe uma "melhor" ferramenta de IA para o desenvolvimento de RETs. A melhor ferramenta a utilizar dependerá das necessidades e limitações de cada projeto, ponderando os méritos e deméritos das diferentes técnicas de IA para alcançar os resultados desejados de forma eficaz e eficiente. A IA tem contribuído significativamente para o desenvolvimento das RET, oferecendo várias vantagens e desafios. A IA optimiza as estruturas industriais, melhora as tecnologias de armazenamento de energia e melhora a eficiência da transmissão de energia, conduzindo a uma redução das emissões de CO2 [63].

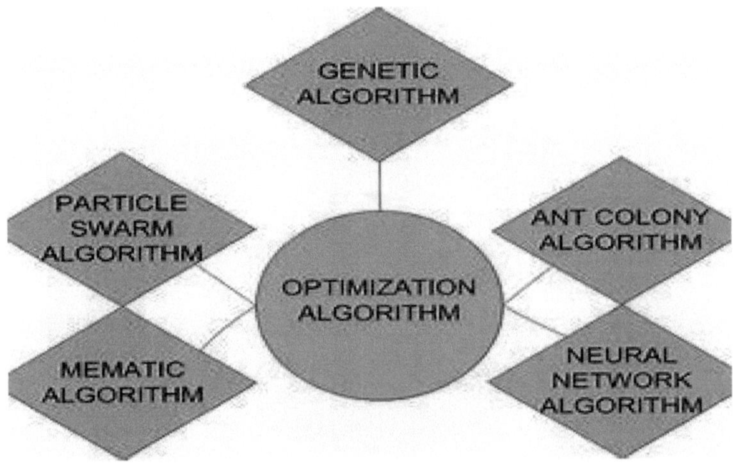

Nas cidades inteligentes, a IA automatiza os sistemas energéticos, permitindo uma gestão e um controlo precisos dos sistemas de energia. A IA actua como um catalisador da sustentabilidade ambiental e da consecução de objectivos de emissões líquidas nulas, melhorando a eficiência energética e reduzindo as emissões de gases com efeito de estufa. No entanto, a integração da IA no desenvolvimento das RET coloca desafios. Um dos inconvenientes é o risco potencial de redução da criatividade e de deslocação do capital humano pela IA e outras tecnologias da Indústria 4.0, com impacto na força de trabalho e na tecnologia de produção [64]. Além disso, a integração bem sucedida da IA no sector da energia exige uma análise cuidadosa das expectativas e benefícios dos utilizadores. Ao selecionar ferramentas de IA para o desenvolvimento de RET, devem ser consideradas as necessidades e os objectivos específicos do projeto [65]. Diferentes ferramentas de IA oferecem capacidades únicas que podem ser aproveitadas com base nos requisitos do projeto. Os algoritmos e técnicas de IA são cada vez mais utilizados na investigação no domínio da energia e das energias renováveis para enfrentar os desafios da engenharia [49]. Os modelos de aprendizagem automática são amplamente aplicados em sistemas de energia para modelação, conceção e previsão, demonstrando a versatilidade das ferramentas de IA no sector das energias renováveis [66]. Embora a IA ofereça benefícios como a otimização, a automatização e a sustentabilidade para o desenvolvimento das RET, devem ser cuidadosamente avaliados os potenciais inconvenientes, como as implicações para a força de trabalho e a importância de uma implementação centrada no utilizador. A escolha da melhor ferramenta de IA para o desenvolvimento de RETs deve estar alinhada com os requisitos do projeto e os resultados desejados para otimizar as vantagens da IA no avanço das tecnologias de energias renováveis.

Um exemplo notável de integração bem sucedida entre as RETs e a IA é evidente nos sistemas solares fotovoltaicos. A IA revolucionou vários aspectos da energia solar fotovoltaica, melhorando significativamente a produção de energia, a eficiência e a relação custo-eficácia. Os algoritmos de IA são fundamentais para otimizar a conceção de sistemas para instalações de energia solar. Utilizando dados geográficos e meteorológicos, estes algoritmos podem ajustar a orientação do painel, o ângulo de inclinação e a configuração do conjunto para maximizar a produção de energia. Foi demonstrado que esta otimização resulta em melhorias significativas na produção de energia, com estudos que indicam melhorias até 10-20% [67]. Além disso, a utilização de drones com IA para avaliação do local pode acelerar os prazos dos projectos em 30-40%, levando a poupanças de custos substanciais que variam entre 20 000 e 50 000 dólares por megawatt instalado [68]. Esta integração tem sido apoiada por investigação que salienta a importância de derivar algoritmos mais eficientes para otimizar os parâmetros solares fotovoltaicos [69]. Além disso, salientou a aplicação bem sucedida de RNA e SVM na previsão da produção em centrais solares fotovoltaicas, demonstrando os avanços nas aplicações de IA neste domínio [70].

Além disso, o estudo introduziu um quadro baseado na IA para acelerar as políticas baseadas em dados que promovem a energia solar fotovoltaica, salientando o papel dos recursos de IA na elaboração de políticas e na participação das partes interessadas [71]. Esta abordagem está em consonância com a necessidade de estratégias inovadoras para melhorar a incorporação das RET e da IA nas FER. A sinergia entre as RET e a IA, particularmente nos sistemas solares fotovoltaicos, demonstrou desenvolvimentos significativos na eficiência energética, na relação custo-eficácia e nos prazos dos projectos. A investigação e os avanços nas técnicas de IA para aplicações fotovoltaicas sublinham o potencial para um maior desenvolvimento e otimização no sector das energias renováveis.

Na otimização do desempenho, os sistemas de análise preditiva e de monitorização orientados para a IA aumentam o tempo de funcionamento do sistema em 15-20% através da deteção precoce de falhas e da manutenção proactiva. Isto traduz-se em poupanças anuais de custos de 10.000 a 30.000 dólares por MW devido à redução do tempo de inatividade e das despesas de manutenção. Apesar destes resultados, persistem desafios como a qualidade dos dados, a interoperabilidade e as restrições regulamentares. No entanto, o sucesso da IA nos sistemas solares fotovoltaicos subescobre o seu potencial transformador na promoção da eficiência, fiabilidade e rentabilidade. medida que as tecnologias de IA continuam a desenvolver-se e a tornar-se amplamente acessíveis, espera-se que a sua integração nas RET, como a energia solar fotovoltaica, acelere ainda mais, contribuindo para a transição global para um futuro energético sustentável. Através da inovação contínua e da superação dos desafios existentes, a IA promete desempenhar um papel fundamental na otimização das FER e na promoção da adoção de tecnologias de energia limpa.

5.8.3. Otimização de sistemas de energias renováveis

A necessidade de combater as alterações climáticas e de avançar para um futuro energético sustentável impulsionou a integração das FER na vanguarda das agendas energéticas mundiais [72]. As fontes renováveis como a hídrica, a solar, a biomassa e a eólica oferecem uma alternativa limpa e inesgotável aos combustíveis fósseis tradicionais. No entanto, existem obstáculos substanciais à produção fiável e eficaz de energia devido à flutuação inerente e à natureza intermitente destes recursos [73]. A otimização das FER tornou-se um ponto crucial, com o objetivo de maximizar o rendimento energético, melhorar a eficiência do sistema e assegurar uma integração perfeita nas redes eléctricas existentes [74]. Vários aspectos fundamentais contribuem para o esforço multifacetado de otimização das FER. A compreensão e a previsão exacta da disponibilidade dos recursos renováveis são fundamentais para a otimização. As tecnologias meteorológicas e de satélite avançadas, associadas à análise de dados e à aprendizagem automática, permitem uma avaliação e previsão precisas dos recursos [75]. Isto permite aos operadores de energia antecipar as flutuações e planear uma produção óptima de energia. A integração das energias renováveis nas redes inteligentes é fundamental para uma distribuição e utilização eficientes da energia.

As redes inteligentes utilizam tecnologia de controlo e comunicação de ponta para fornecer monitorização em tempo real, equilíbrio da rede e resposta à procura (DR) [76]. A estabilidade da rede é preservada enquanto o consumo de energia renovável é optimizado através desta integração. Para lidar com a natureza intermitente dos recursos renováveis, são necessárias soluções eficazes de armazenamento de energia. É essencial armazenar o excesso de energia durante os períodos de alta produção e libertá-la durante os períodos de baixa produção, através de baterias, armazenamento hidroelétrico por bombagem e outras novas tecnologias [77]. Esta capacidade de armazenamento contribui para a estabilidade da rede e para um fornecimento fiável de energia. A Figura 4 mostra os principais desafios das redes inteligentes. A implementação de algoritmos de controlo sofisticados e a automatização são importantes para otimizar o desempenho das FER [78]. As estratégias de controlo adaptativo, informadas por dados em tempo real e análises preditivas, permitem ajustamentos dinâmicos às condições em mudança, melhorando a eficiência global do sistema.

O conceito de energia é uma abordagem universal para a modelação da energia urbana, que pode ser um método eficaz para a necessária modernização do sector da construção [79]. A Figura 5 mostra o conceito de campo de cluster de energia. A combinação de diferentes fontes renováveis e a integração de tecnologias complementares, como a energia solar com armazenamento ou a energia eólica com hidroelétrica, aumentam a fiabilidade e o desempenho global do sistema. Os sistemas híbridos atenuam a intermitência das fontes individuais, proporcionando uma produção de energia mais consistente e fiável [80].

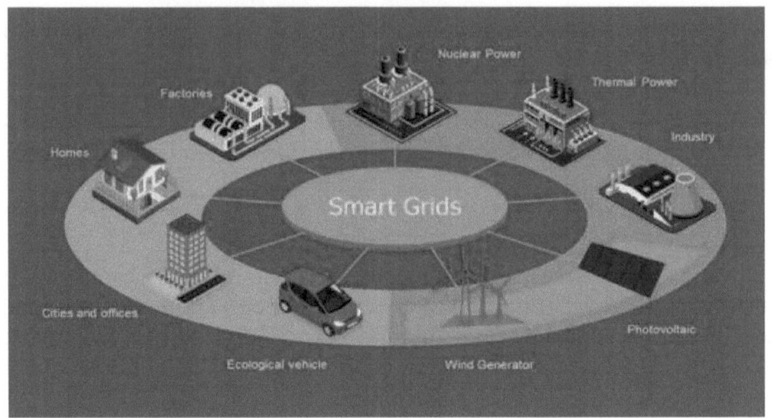

Esquema dos desafios técnicos e socioeconómicos da rede inteligente.

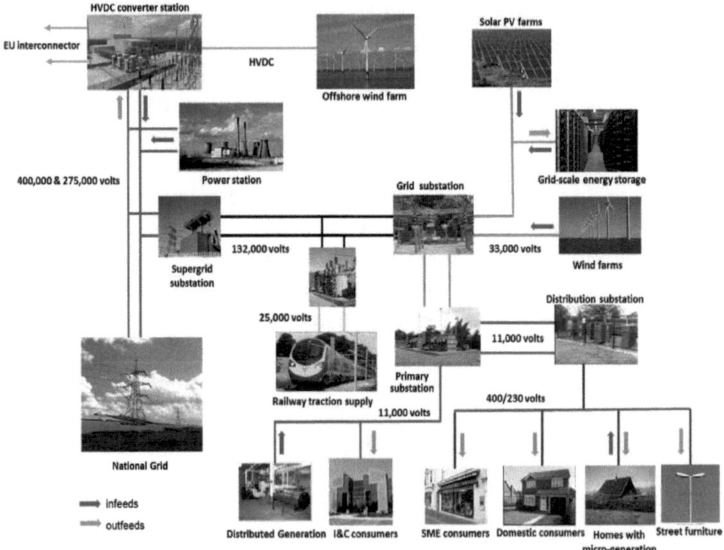

Esquema de um cluster energético para a eletrificação urbana.

Os esforços de investigação e desenvolvimento em curso centram-se no aumento da eficiência das tecnologias de energias renováveis. As inovações em materiais, design e fabrico contribuem para aumentar as taxas de conversão de energia e reduzir os custos, optimizando ainda mais a viabilidade económica das FER [75, 80]. A abundância de dados gerados pelas FER, juntamente com os avanços na análise de dados e na IA, permite a tomada de decisões baseada em dados. A modelação preditiva, os algoritmos de otimização e os modelos de aprendizagem automática contribuem para uma gestão mais informada e proactiva dos activos de energias renováveis [81]. Um ambiente político favorável e regulamentos de apoio desempenham um papel importante na otimização das FER. Quadros regulamentares claros, subsídios e incentivos encorajam os investimentos em tecnologias renováveis e promovem o crescimento de um sector energético sustentável.

A otimização das FER exige uma abordagem holística que engloba a inovação tecnológica, a informação baseada em dados, a integração de redes inteligentes e políticas de apoio [82]. À medida que o mundo se esforça por reduzir as emissões de carbono e construir infra-estruturas energéticas resilientes, os avanços contínuos na otimização das FER são fundamentais para alcançar um futuro sustentável e com baixo teor de carbono.

5.9. Aplicações actuais da IA nas energias renováveis

A IA está a transformar rapidamente o panorama das energias renováveis, trazendo eficiência, otimização e inovação a todas as fases do processo. A IA e as energias renováveis encontram-se para formar uma fronteira dinâmica onde as tecnologias de ponta se juntam para resolver problemas associados à integração e otimização de origens energéticas sustentáveis [83].

Algumas das aplicações proeminentes em que a IA está a dar contributos significativos para as tecnologias avançadas de energias renováveis incluem a avaliação de recursos e a previsão de energia, a manutenção preditiva de turbinas eólicas e painéis solares, a gestão e estabilidade da rede, a otimização do armazenamento de energia, a DR e a previsão de cargas, a orientação e seguimento de painéis solares, a eficiência energética em edifícios, estratégias avançadas de controlo para centrais eléctricas, a redução da pegada de carbono e a avaliação do ciclo de vida [84].

5.10. Previsão de energias renováveis

A previsão da disponibilidade de energia solar e eólica é crucial para uma gestão eficaz da rede energética e para a estabilidade dos processos. Os algoritmos de IA treinados num grande volume de dados meteorológicos, tendências históricas de produção e situações em tempo real podem agora prever a produção de energia renovável com uma precisão impressionante [85]. Isto permite que os serviços públicos optimizem o armazenamento de energia, despachem outras fontes e garantam um fornecimento de energia suave e fiável. Estas ferramentas aumentam a precisão da avaliação dos recursos e da previsão da energia, permitindo um melhor planeamento e gestão das FER.

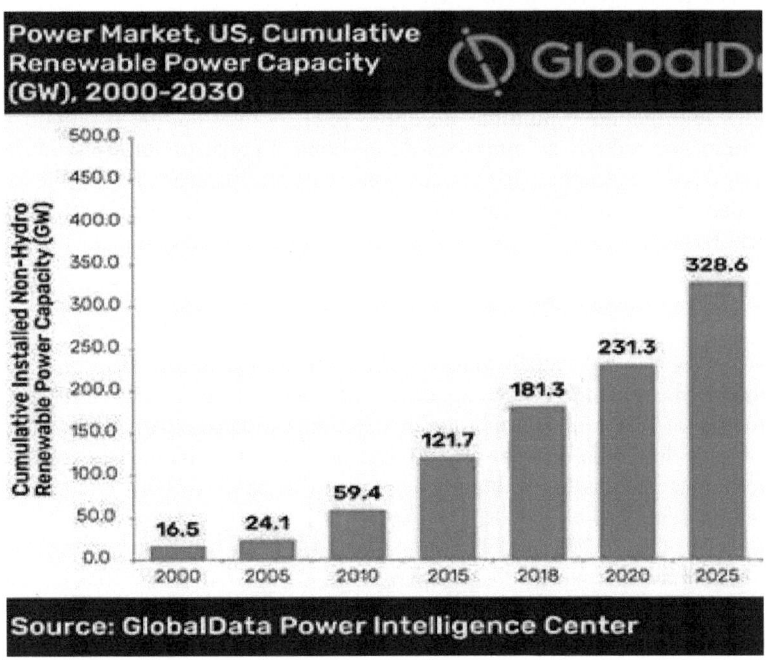

A previsão das energias renováveis é uma área crucial de investigação e desenvolvimento que procura melhorar a precisão da previsão da produção de energia a partir de fontes renováveis, como o vento, a bioenergia e o vento solar [86]. Para o comércio de energia, a gestão eficaz da rede e a integração das energias renováveis nos actuais sistemas de energia, são vitais projecções precisas. Estudos anteriores centraram-se frequentemente na incorporação de dados meteorológicos, como a velocidade do vento, a radiação solar e a temperatura, em modelos de previsão [86-88]. Técnicas avançadas, incluindo modelos numéricos de previsão do tempo, são empregues para melhorar a compreensão dos padrões meteorológicos e o seu impacto na produção de energia renovável. As abordagens de aprendizagem automática, incluindo modelos de regressão, SVM e redes neuronais, têm sido amplamente utilizadas para a previsão de energias renováveis [89, 90]. A previsão de conjuntos envolve a combinação de várias previsões individuais para melhorar a exatidão global. Trabalhos anteriores exploram métodos de conjunto para a previsão de energias renováveis, incluindo a combinação de previsões de diferentes modelos, a incorporação de vários cenários meteorológicos e a consideração de várias caraterísticas de entrada [89-92].

Reconhecendo a incerteza inerente à produção de energia renovável, alguns estudos centram-se na previsão probabilística. Estas abordagens fornecem não só uma estimativa pontual da produção de energia esperada, mas também uma gama de resultados possíveis, ajudando os decisores a ter em conta as incertezas no seu planeamento e operações [93]. Os modelos híbridos combinam os pontos fortes de diferentes técnicas de previsão. Por exemplo, a integração de modelos estatísticos de séries temporais com algoritmos de aprendizagem automática ou a combinação de modelos numéricos de previsão meteorológica com métodos de IA [94].

A investigação aborda frequentemente os aspectos espaciais e temporais da previsão das energias renováveis. A previsão espacial envolve a previsão da produção de energia em múltiplas localizações, enquanto a previsão temporal se centra na previsão da produção de energia em diferentes zonas temporais, desde previsões a curto prazo até previsões a longo prazo [95]. A tecnologia de teledeteção, como as imagens de satélite e a deteção de luz e alcance (LiDAR), é integrada em certos estudos, para melhorar a resolução espacial e a precisão da previsão das energias renováveis [96, 97]. Os dados de deteção remota são uma ferramenta útil para conhecer as caraterísticas físicas das fontes de energia renováveis. Trabalhos anteriores exploram a previsão operacional adaptada aos mercados de energia [91, 98-101]. Previsões exactas são cruciais para que os operadores do mercado e os comerciantes de energia tomem decisões informadas sobre os preços da energia, a programação e a participação no mercado. Com o aumento das FER híbridas que combinam várias origens, como a solar e a eólica, a investigação centra-se em metodologias de previsão especificamente concebidas para estes sistemas integrados [102]. Isto inclui a otimização do funcionamento dos sistemas híbridos com base em previsões precisas da contribuição de cada fonte de energia.

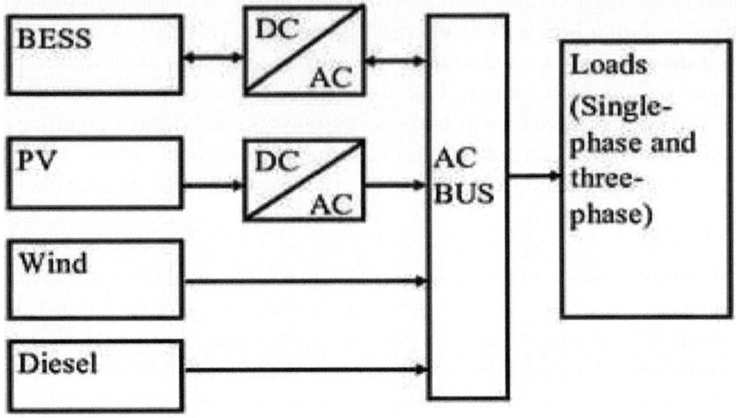

Esquema da configuração do sistema híbrido [102].

5.11. Gestão de redes inteligentes

A integração de fontes de energia renováveis intermitentes na rede exige sistemas de gestão inteligentes. As redes inteligentes alimentadas por IA podem monitorizar e analisar os fluxos de energia em tempo real, prever interrupções e ajustar automaticamente a distribuição de energia para manter a estabilidade da rede e otimizar a utilização da energia [103]. Isto conduz a uma rede mais adaptável e robusta que pode acomodar a crescente quota de energias renováveis.

As redes inteligentes alimentadas por IA facilitam a monitorização e o controlo em tempo real da distribuição de energia. Os algoritmos de IA analisam dados de sensores e dispositivos em toda a rede, prevendo e atenuando problemas como flutuações no fornecimento de energia, desequilíbrios na rede e variações de tensão. Isto melhora a estabilidade da rede e tem em conta a natureza intermitente das fontes de energia renováveis [103]. Um sistema típico de gestão de redes inteligentes é ilustrado na Figura [104].

A gestão de redes inteligentes é um domínio dinâmico que implica a incorporação de tecnologias de ponta para melhorar a eficiência, a fiabilidade e a sustentabilidade dos sistemas de distribuição de energia. Numerosas investigações anteriores contribuíram para a compreensão e o desenvolvimento da gestão de redes inteligentes. Os estudos anteriores centraram-se frequentemente nas tecnologias de comunicação que permitem a troca de informações entre os vários componentes da rede inteligente [105, 106]. Isto inclui estudos sobre a aplicação de protocolos de comunicação com e sem fios, como Zigbee, Wi-Fi e redes celulares, para facilitar o intercâmbio de dados em tempo real para um funcionamento eficiente da rede. A implantação e a eficácia da infraestrutura de medição avançada (AMI), que inclui contadores inteligentes, constituem um foco significativo. A investigação examinou a forma como a AMI facilita a comunicação bidirecional entre as empresas de serviços públicos e os clientes, oferecendo informações actualizadas sobre a utilização da energia [107-109]. Isto facilita os programas de RD, aumenta a precisão da faturação e apoia a monitorização da rede. A gestão da rede inteligente envolve a monitorização e o controlo em tempo real da rede para garantir a sua estabilidade e fiabilidade. Estudos anteriores aprofundaram o desenvolvimento e a aplicação de sistemas de controlo de supervisão e aquisição de dados (SCADA), unidades de medição de fasores e outras técnicas de monitorização para permitir a tomada de decisões atempada e o funcionamento eficiente da rede.

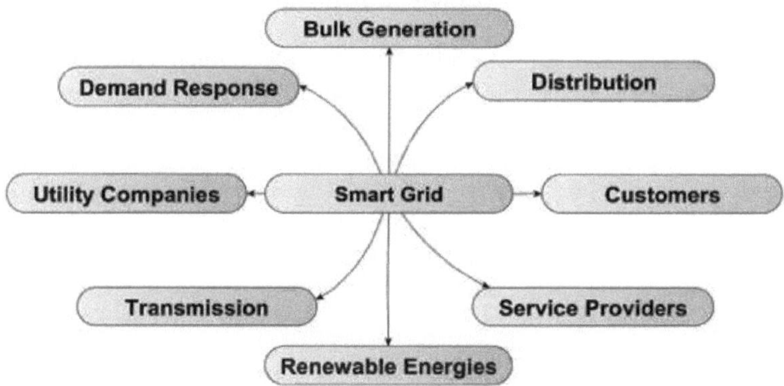

Cenário de gestão de energia da rede inteligente 104.

A integração de recursos energéticos distribuídos (DERs) na rede inteligente tem sido objeto de investigação anterior devido à crescente popularidade das fontes de energia renováveis e da produção distribuída. Isto inclui investigação sobre a integração óptima de turbinas eólicas, painéis solares e ESS para melhorar a resiliência da rede e acomodar a produção flutuante de energia renovável. Os programas de DR são explorados para equilibrar a procura e a oferta em tempo real. Estudos anteriores investigaram a eficácia das estratégias de GD na otimização do consumo de energia, na redução dos picos de carga e na melhoria da estabilidade da rede durante períodos de elevada variabilidade da procura ou da oferta [110-112]. O aumento da adoção de veículos eléctricos (VEs) introduz novos desafios e possibilidades para a gestão de redes inteligentes. Os estudos avaliam os efeitos do carregamento dos VE na rede e a investigação explora soluções de carregamento inteligente, a integração veículo-rede e o potencial de utilização dos VE como recursos de armazenamento de energia distribuída. Uma vez que as redes inteligentes dependem fortemente de tecnologias de informação e comunicação, a cibersegurança é um fator crítico. Estudos anteriores investigaram ameaças à cibersegurança, vulnerabilidades e medidas para aumentar a resiliência da infraestrutura das redes inteligentes contra ciberataques, garantindo a integridade e a fiabilidade da rede [113-115]. A gestão das redes inteligentes beneficia da aplicação da aprendizagem automática e da análise preditiva. Estudos anteriores exploram a utilização destas tecnologias para a deteção de falhas, a manutenção preditiva e a otimização das operações da rede [116-118]. Os modelos de aprendizagem automática são aplicados para analisar grandes conjuntos de dados e tomar decisões em tempo real para a otimização da rede. A investigação debruça-se frequentemente sobre os quadros regulamentares e políticos que apoiam a implantação e o funcionamento das redes inteligentes. Os estudos avaliam a influência das medidas regulamentares na adoção de tecnologias de redes inteligentes e investigam o modo como os quadros políticos podem incentivar os investimentos em infra-estruturas de redes inteligentes [119]. Os estudos sublinham a importância do envolvimento e da capacitação dos consumidores na gestão das redes inteligentes. A investigação anterior explora formas de educar e envolver os consumidores na gestão da procura, incentivar a eficiência energética e promover uma relação mais interactiva e reactiva entre os serviços de utilidade pública e os utilizadores finais [120,121].

Em resumo, os estudos anteriores sobre a gestão de redes inteligentes contribuíram com conhecimentos valiosos sobre os aspectos tecnológicos, operacionais e regulamentares da implementação de sistemas de distribuição de energia inteligentes e reactivos. Estas conclusões constituem uma base para a investigação em curso e para a evolução contínua das tecnologias de redes inteligentes no sentido de uma infraestrutura energética mais sustentável e resiliente.

5.12. Manutenção Preditiva

Os modelos de manutenção preditiva baseados em IA aproveitam os dados dos sensores e as métricas históricas de desempenho para antecipar falhas de equipamento em turbinas eólicas e painéis solares. Esta medida proactiva reduz o tempo de inatividade, aumenta o tempo de vida dos activos e optimiza a eficiência operacional global das instalações de energias renováveis [122]. As turbinas eólicas, os painéis solares e outras infra-estruturas de energias renováveis estão constantemente expostos a elementos adversos. Os algoritmos de IA podem analisar os dados dos sensores e os registos de manutenção para identificar os primeiros sinais de falha do equipamento [123]. Isto permite uma manutenção proactiva, evitando avarias dispendiosas e garantindo um desempenho ótimo das FER.

A manutenção preditiva baseada na IA ganhou proeminência como método transformador para otimizar o desempenho e a fiabilidade dos sistemas industriais. Estudos anteriores sobre a manutenção preditiva baseada em IA exploraram vários aspectos desta tecnologia, revelando informações valiosas sobre as suas aplicações, benefícios e desafios [124, 125]. Estudos anteriores sublinham a importância das abordagens baseadas em dados na manutenção preditiva baseada em IA. Os algoritmos de aprendizagem automática, como os modelos de regressão, as árvores de decisão e as redes neuronais, foram utilizados para dados históricos e em tempo real para identificar padrões indicativos de potenciais falhas do equipamento. A quantidade e a qualidade dos dados desempenham um papel importante na exatidão dos modelos de manutenção preditiva. A investigação centra-se frequentemente na integração de tecnologias de monitorização de condições, tais como sensores e dispositivos IoT, para recolher dados em tempo real sobre o estado do equipamento. Os estudos exploram a eficácia de diferentes tipos e configurações de sensores para monitorizar factores como a temperatura, a vibração, a pressão e os níveis de fluidos. A manutenção preditiva baseada em IA tem como objetivo não só prever falhas iminentes, mas também fornecer prognósticos, estimando a vida útil restante do equipamento. A investigação anterior investigou vários modelos e algoritmos para prever com precisão quando é provável que o equipamento falhe, permitindo intervenções de manutenção proactivas. Estes estudos de caso ilustram a utilização da manutenção preditiva baseada em IA em contextos específicos, demonstrando a sua eficácia na melhoria da fiabilidade dos activos, na redução do tempo de inatividade e na otimização dos custos de manutenção. Estudos anteriores destacam os desafios e as limitações associados à manutenção preditiva baseada em IA, incluindo questões relacionadas com a qualidade dos dados, a interpretabilidade dos modelos e a necessidade de reciclagem contínua dos modelos [126, 127]. Os investigadores reconhecem que a resolução destas limitações é importante para o êxito da implantação e sustentabilidade dos sistemas de manutenção preditiva. Alguns estudos exploram o papel da colaboração homem-máquina na manutenção preditiva. As implicações da manutenção preditiva baseada na IA na regulamentação e nas considerações éticas são discutidas em alguns estudos. Os investigadores exploram a forma como os quadros regulamentares se devem adaptar para acomodar estas tecno-logias, garantindo simultaneamente a privacidade, a segurança e a utilização ética dos dados [128].

5.13. Otimização do armazenamento de energia

As baterias e outros dispositivos de armazenamento de energia têm os seus ciclos de carga e descarga optimizados através de algoritmos de IA. Analisando dados históricos e considerando as condições em tempo real, estes sistemas maximizam a eficiência do armazenamento de energia, garantindo a disponibilidade da energia armazenada quando os recursos renováveis não estão a gerar energia ativamente [129]. O armazenamento do excesso de energia renovável para utilização posterior é fundamental para equilibrar a oferta e a procura. A IA pode otimizar os sistemas de armazenamento de baterias, determinando os momentos mais eficientes para carregar e descarregar as baterias com base nas necessidades energéticas em tempo real e nos preços de mercado [130]. Isto optimiza a utilização de energia renovável e reduz a dependência dos combustíveis fósseis durante os períodos de pico da procura.

A otimização do armazenamento de energia é um aspeto vital dos sistemas energéticos modernos, proporcionando flexibilidade, estabilidade e eficiência. Estudos anteriores sobre a otimização do armazenamento de energia exploraram várias dimensões deste domínio, procurando melhorar o desempenho e a viabilidade económica dos SEE [78,131]. Os estudos abordam frequentemente o desafio de determinar a dimensão e a localização óptimas dos SEE nas redes eléctricas. São utilizados modelos e algoritmos de otimização para analisar factores como os requisitos da rede, os padrões de produção de energia renovável e os perfis de carga, para determinar as localizações e capacidades mais eficazes para as instalações de armazenamento de energia. Isto inclui investigações sobre a programação de cargas e descargas, a redução de picos e técnicas de nivelamento de cargas para maximizar a utilização da energia armazenada, minimizando os custos e o stress da rede. A integração do armazenamento de energia com fontes de energia renováveis, como a solar e a eólica, é objeto de muitos estudos. Os modelos de otimização exploram a forma como o armazenamento de energia pode atenuar a intermitência e a variabilidade das energias renováveis, fornecendo apoio à rede através de serviços como a regulação da frequência, o controlo da tensão e a suavização da produção de energia renovável [132]. A otimização de SEE híbridos, que integram várias tecnologias de armazenamento, como volantes de inércia, super-capacitores e baterias, está a ser estudada. Os estudos investigam a forma como os pontos fortes complementares das diferentes tecnologias de armazenamento podem ser aproveitados para melhorar o desempenho e a eficiência globais do sistema [133,134]. Os estudos de otimização consideram frequentemente os aspectos económicos do armazenamento de energia, analisam estratégias de participação no mercado e identificam potenciais fluxos de receitas.

Os estudos de avaliação do ciclo de vida examinam o impacto ambiental dos SEE [135]. Os investigadores estudam os benefícios ambientais e os compromissos associados às diferentes tecnologias de armazenamento, tendo em conta factores como o fabrico, o funcionamento e a eliminação em fim de vida. São desenvolvidos modelos de otimização para aumentar a durabilidade e a resistência dos SEE. Isto inclui a avaliação do impacto das falhas do sistema, o desenvolvimento de estratégias de tolerância a falhas e a otimização dos calendários de manutenção para garantir um funcionamento contínuo e fiável do armazenamento de energia. Alguns estudos abordam os quadros regulamentares e políticos que têm impacto na otimização do armazenamento de energia [136]. Os investigadores exploram a forma como a regulamentação e as políticas existentes facilitam ou dificultam a implantação e o funcionamento ótimo dos SEE, oferecendo percepções às partes interessadas da indústria e aos decisores políticos.

Estudos anteriores sobre a otimização do armazenamento de energia oferecem uma compreensão abrangente dos índices tecnológicos, ambientais e económicos da implantação e gestão dos SEE [137]. Estes conhecimentos contribuem para o desenvolvimento contínuo de soluções optimizadas de armazenamento de energia que desempenham um papel fundamental na mudança para sistemas energéticos mais resistentes e sustentáveis.

5.13.1. Otimização da produção de energia renovável

A IA pode ajudar a afinar o funcionamento das FER para obter o máximo rendimento. Por exemplo, os algoritmos de IA podem ajudar a regular os ângulos de inclinação dos painéis solares para acompanhar o movimento do sol ou otimizar a inclinação das pás das turbinas eólicas para captar mais energia eólica [138]. Isto conduz a uma melhor produção de energia e a uma melhor relação custo-eficácia dos projectos de energias renováveis.

A otimização da produção de energia renovável é um desafio multifacetado que envolve a maximização da eficiência e da fiabilidade das FER. Estudos anteriores sobre este tema exploraram diferentes estratégias, técnicas e metodologias para melhorar o desempenho das fontes de energia renováveis. As investigações anteriores visavam frequentemente o desenvolvimento e a melhoria de métodos avançados de previsão para fontes de energia renováveis. Isto inclui modelos de previsão precisos para a irradiância solar, velocidade do vento e outros parâmetros meteorológicos para antecipar variações na produção de energia e otimizar a incorporação de energia renovável na rede. A investigação investiga a otimização das FER híbridas, que combinam várias fontes, como a solar, a eólica e a hidroelétrica. Os estudos exploram a forma como a natureza complementar das diferentes fontes renováveis pode ser aproveitada para obter uma produção de energia mais consistente e fiável [139].

Os estudos debruçam-se frequentemente sobre a análise espacial e temporal dos recursos de energias renováveis. Isto inclui a otimização da colocação de instalações de energias renováveis com base em variações geográficas e a consideração dos padrões temporais de produção de energia para melhorar a eficiência global do sistema. A otimização da localização de projectos de energias renováveis é um aspeto importante da maximização da produção de energia. Os estudos utilizam sistemas de informação geográfica e algoritmos de otimização para determinar as localizações ideais para instalações solares e eólicas, tendo em conta factores como os recursos disponíveis, a utilização do solo e o impacto ambiental [140]. Estratégias operacionais e de manutenção eficientes contribuem para otimizar a produção de energia renovável. A investigação investiga as melhores práticas de programação da manutenção, monitorização de equipamentos e otimização do desempenho para garantir a durabilidade e a dependên-cia das infra-estruturas de energia sustentável. Os modelos de otimização ajudam a identificar as abordagens mais económicas para maximizar o retorno do investimento na produção de energia renovável [141].

5.14. Resposta à procura e previsão de carga

A IA é utilizada para prever as tendências da procura de energia e otimizar a distribuição da carga. Ao analisar os dados históricos de consumo, as previsões meteorológicas e outros factores importantes, os sistemas de IA permitem que os serviços públicos implementem estratégias de RD, ajustando a produção e a utilização de energia para corresponder às flutuações na disponibilidade de energias renováveis.

A RD e a previsão da carga são componentes cruciais dos modernos sistemas de gestão da energia, permitindo às empresas de serviços públicos equilibrar a procura e a oferta, otimizar as operações da rede e aumentar a fiabilidade global do sistema [142]. Estudos anteriores exploraram extensivamente estes tópicos, fornecendo informações sobre metodologias, tecnologias e estratégias. Numerosos estudos centraram-se no desenvolvimento e aperfeiçoamento de modelos de previsão de carga. Estes modelos consistem em RNA, modelos de regressão, análise de séries temporais, algoritmos de aprendizagem automática e abordagens híbridas [143]. O objetivo é prever com precisão os futuros padrões de consumo de eletricidade em várias resoluções temporais, como as previsões a curto, médio e longo prazo. Com a crescente penetração das fontes de energia renováveis, os estudos exploram técnicas de previsão da carga que têm em conta a natureza intermitente e variável das energias renováveis [144]. A integração das previsões das energias renováveis nos modelos de previsão da carga é crucial para gerir eficazmente a variação e a incerteza relacionadas com a produção renovável. A investigação incide sobretudo na aplicação de tecnologias de redes inteligentes para melhorar a previsão da carga e a RD. A integração de AMI, contadores inteligentes e análise de dados em tempo real permite previsões de carga mais precisas e facilita a gestão reactiva da procura. Os estudos investigam diferentes estratégias de GD, incluindo preços de tempo de utilização, programas baseados em incentivos e GD automatizada. Compreender os aspectos comportamentais dos consumidores de energia é uma consideração importante nos estudos de GD. A investigação explora a forma como os consumidores respondem a diferentes iniciativas de GD, o impacto das estratégias de comunicação e os factores que influenciam a participação em programas de GD. A implantação de infra-estruturas de medição avançada, incluindo contadores inteligentes, é um ponto-chave na previsão da carga e na investigação sobre a RD. A AMI permite a monitorização em tempo real dos padrões de consumo de energia, aumenta a granularidade dos dados e facilita estratégias de gestão da procura mais reactivas [145].

Reconhecendo a incerteza inerente à previsão de carga, os estudos investigam modelos de previsão probabilística. Esses modelos fornecem não apenas estimativas pontuais, mas também distribuições de probabilidade, permitindo que as concessionárias tomem decisões específicas considerando a gama de resultados potenciais. Com o aumento da adoção de VEs, os estudos exploram o impacto dos padrões de carregamento de VEs na previsão de carga e na RD. A investigação investiga estratégias para otimizar os horários de carregamento dos VE, gerir o aumento da procura e aproveitar os VE como recursos energéticos distribuídos. Alguns estudos analisam o impacto dos quadros políticos e regulamentares na RD e na previsão da carga. Os investigadores avaliam a eficácia das medidas regulamentares, dos incentivos e das estruturas de mercado na promoção de iniciativas de RD e na definição de práticas de previsão da carga [146].

Estudos anteriores sobre a RD e a previsão da carga abrangem uma gama diversificada de tópicos, desde modelos de previsão e tecnologias de redes inteligentes a aspectos comportamentais e considerações políticas [92, 147]. As conclusões colectivas contribuem para o desenvolvimento de práticas de gestão da energia mais precisas, reactivas e sustentáveis em cenários energéticos em evolução.

5.15. Funcionamento eficiente das micro-redes

Nos sistemas energéticos descentralizados, a IA ajuda no funcionamento eficiente das micro-redes. Estes sistemas baseados em IA optimizam o equilíbrio entre a produção, o armazenamento e a utilização de energia local, aumentando a resistência e a fiabilidade das redes de micro-redes, tanto em ambientes urbanos como remotos [148].

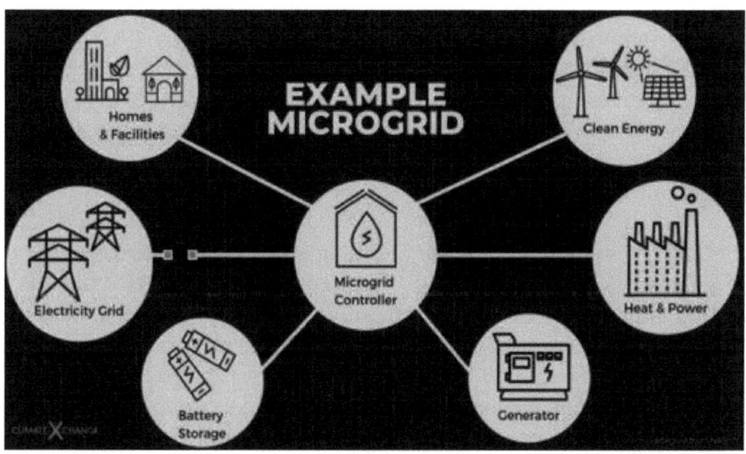

A operação eficiente de micro-redes é um aspeto crítico dos sistemas de energia modernos, especialmente em recursos energéticos descentralizados e distribuídos. Numerosos estudos anteriores exploraram vários aspectos da operação de micro-redes, com o objetivo de aumentar a eficiência, a fiabilidade e a sustentabilidade. Muitos estudos centram-se no desenvolvimento e aplicação de algoritmos de otimização e estratégias de controlo para alcançar uma operação eficiente da micro-rede. Estes incluem algoritmos para a distribuição económica, gestão de energia e fluxo de energia ótimo para reduzir os custos e melhorar a utilização dos recursos disponíveis. A integração de fontes de energia renováveis, como a solar e a eólica, nas micro-redes é a principal preocupação. A investigação anterior explora estratégias para gerir eficazmente a variabilidade e a natureza intermitente da produção renovável, considerando factores como o armazenamento de energia, a DR e a análise preditiva.

O papel dos ESS na eficiência das micro-redes tem sido objeto de um estudo aprofundado. Os investigadores estudam o dimensionamento, a colocação e as estratégias de funcionamento óptimos dos sistemas de armazenamento de energia para equilibrar a oferta e a procura, aumentar a estabilidade da rede e apoiar o funcionamento fiável da micro-rede [149]. Os estudos exploram a integração de estratégias de GD em micro-redes para otimizar os perfis de carga, reduzir os picos de procura e melhorar a eficiência global do sistema [150]. As iniciativas de GD inteligente e as tecnologias de comunicação em tempo real são frequentemente investigadas quanto à sua eficácia em contextos de micro-redes. O controlo eficiente dos recursos energéticos distribuídos, incluindo geradores, sistemas de armazenamento e cargas flexíveis, é crucial. A investigação examina algoritmos de controlo avançados e estratégias de coordenação para gerir os DER de forma óptima, tendo em conta factores como as restrições da rede, a estabilidade da tensão e a qualidade da energia [151].

Os estudos sobre resiliência e fiabilidade centram-se em assegurar um funcionamento ininterrupto e fiável em condições normais e difíceis. A investigação anterior explora estratégias para melhorar a resiliência das micro-redes contra perturbações, falhas e ameaças externas através de um controlo adaptativo e de um funcionamento robusto [152,153]. As avaliações económicas e ambientais desempenham um papel importante na otimização das operações da microrrede. Os estudos realizam análises custo-benefício, avaliações do ciclo de vida e avaliações técnico-económicas para determinar a viabilidade económica e o impacto ambiental dos projectos de micro-redes. O funcionamento eficiente começa com as fases de planeamento e conceção. A investigação investiga as melhores arquitecturas, componentes e configurações de micro-redes, tendo em conta factores como a disponibilidade de recursos, os perfis de carga e a conetividade da rede para garantir a eficiência desde o início [154]. As micro-redes podem funcionar ligadas à rede principal ou em modo isolado. Os estudos exploram estratégias para transições sem descontinuidades entre estes modos, considerando factores como a deteção de ilhamento, a sincronização da rede e o processo de reconexão para garantir a continuidade do serviço e um funcionamento eficiente [155-157].

5.16. Orientação e seguimento do painel solar

Os algoritmos de IA são concebidos para aumentar a quantidade de luz solar que os painéis solares recebem ao longo do dia, optimizando o seu seguimento e orientação. A IA garante que os painéis solares são posicionados para a melhor captação de energia, monitorizando a posição do sol e as condições meteorológicas actuais. Isto melhora a eficiência global da conversão de energia solar.

Numerosos estudos investigaram as estratégias ideais de orientação e seguimento dos painéis solares para otimizar a captação de energia e aumentar a eficiência da produção de energia solar [158]. São apresentados alguns temas-chave e conclusões de investigações anteriores sobre a orientação e o seguimento de painéis solares. Os estudos comparam o rendimento energético dos painéis solares de inclinação fixa com o dos sistemas de seguimento. Estas investigações avaliam o impacto de várias tecnologias de seguimento, como o seguimento de eixo único e de eixo duplo, na produção de energia em diferentes condições climáticas e localizações geográficas. A investigação tem em conta a localização geográfica e as condições climáticas ao avaliar o desempenho da orientação e do seguimento dos painéis solares [159]. Os estudos consideram frequentemente factores como a latitude, a irradiância solar e o ângulo de incidência da luz solar para maximizar a inclinação e a orientação dos painéis solares. São desenvolvidos modelos matemáticos para simular a produção de energia de painéis solares com diferentes orientações e sistemas de controlo [160].

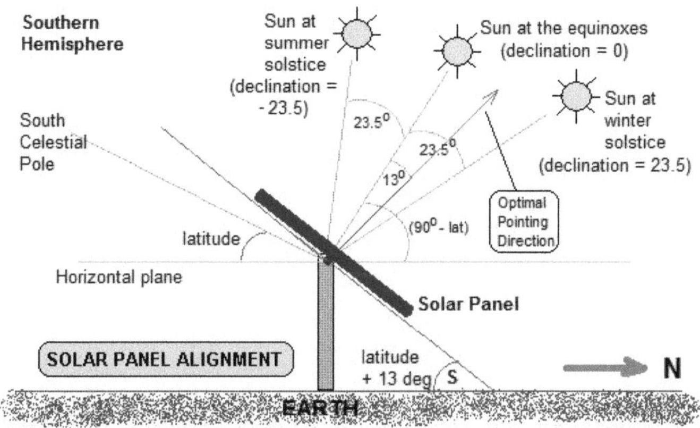

Os investigadores utilizam ferramentas como modelos de radiação solar, dados meteorológicos e software de simulação para prever a produção de energia em diferentes configurações. Muitos estudos realizam análises económicas para determinar a relação custo-eficácia dos sistemas de orientação e seguimento de painéis solares [161-163]. Isto inclui a avaliação dos custos adicionais associados aos mecanismos de seguimento em relação ao aumento da produção de energia e aos benefícios financeiros durante o tempo de vida do sistema. São comuns as investigações sobre sistemas de seguimento de eixo duplo, centradas na sua capacidade de seguir a trajetória do sol tanto em azimute como em elevação. Os estudos avaliam as vantagens do seguimento de eixo duplo na captação de mais luz solar ao longo do dia e na otimização da produção de energia, especialmente em locais com ângulos de luz solar variáveis [164-166].

Alguns estudos utilizam algoritmos de aprendizagem automática para otimizar a orientação e o seguimento dos painéis solares. Estes modelos analisam dados históricos de desempenho, padrões de desgaste e informações sobre a irradiância solar para desenvolver algoritmos de previsão que ajustam dinamicamente os ângulos dos painéis para obter a máxima captação de energia [167]. A investigação examina a forma como a cobertura de nuvens e a radiação difusa afectam o desempenho dos painéis solares com diferentes orientações e sistemas de seguimento. Os estudos visam desenvolver estratégias que adaptem os ângulos dos painéis solares às alterações das condições do céu, optimizando a captação de energia mesmo durante períodos de sombreamento parcial. São realizadas análises de sensibilidade para determinar os parâmetros mais importantes que afectam a eficiência dos painéis solares. Os investigadores exploram a forma como as alterações em factores como a inclinação do painel, o ângulo azi-muth e a precisão do rastreio afectam o rendimento energético, orientando a conceção de sistemas de energia solar eficientes. As investigações sobre painéis solares bifaciais têm sido comuns em estudos recentes [168, 169].

Os estudos anteriores sobre a orientação e o seguimento dos painéis solares abrangem uma vasta gama de tópicos, desde a modelização teórica e a análise económica até à monitorização do desempenho no mundo real [170, 171].

5.17. Estratégias avançadas de controlo para centrais eléctricas

As estratégias de controlo reforçadas por IA são implementadas em centrais eléctricas de energias renováveis para se adaptarem a condições ambientais variáveis [172]. Quer se trate de ajustar o passo das pás das turbinas eólicas ou de otimizar o funcionamento dos sistemas de energia solar concentrada, os algoritmos de IA melhoram o desempenho global e a eficiência das instalações de energias renováveis.

As estratégias de controlo avançado para centrais eléctricas têm sido amplamente estudadas para melhorar a estabilidade, a eficiência e o desempenho global das instalações de produção de energia. Estes estudos abrangem uma série de tipos de centrais eléctricas, incluindo centrais térmicas, nucleares e de energias renováveis. Apresentam-se aqui os principais temas e conclusões de investigações anteriores sobre estratégias de controlo avançadas para centrais eléctricas. A investigação explora a aplicação do controlo preditivo de modelos (MPC) em centrais eléctricas. O MPC utiliza modelos dinâmicos para prever o comportamento da central eléctrica e otimizar as entradas de controlo ao longo de um determinado horizonte temporal. Esta abordagem é utilizada para melhorar o seguimento do ponto de regulação, a rejeição de perturbações e a otimização de vários parâmetros de desempenho. As estratégias de controlo adaptativo são investigadas para lidar com incertezas e variações de parâmetros em sistemas de centrais eléctricas. Também são exploradas técnicas de controlo robustas para garantir a estabilidade e o desempenho na presença de perturbações, alterações nas condições de funcionamento ou falhas de componentes. Os estudos centram-se na otimização do despacho de energia em centrais eléctricas com várias unidades. Algoritmos de otimização avançados, incluindo programação linear, otimização não linear e algoritmos genéticos, são utilizados para determinar a atribuição óptima da produção de energia entre diferentes unidades para minimizar os custos ou atingir objectivos específicos [173]. São desenvolvidas estratégias de controlo avançadas para regular a frequência e a tensão nos sistemas de energia. O controlo da frequência é fundamental para manter a estabilidade da rede, e os estudos investigam estratégias como o controlo de queda e a redução de carga. As técnicas de controlo da tensão, incluindo a compensação de potência reactiva e os reguladores de tensão, visam garantir que a tensão da rede se encontra dentro de limites aceitáveis.

A investigação explora estratégias de controlo descentralizadas e distribuídas para centrais eléctricas, particularmente no contexto de recursos energéticos distribuídos e micro-redes. Estas estratégias visam melhorar a resiliência, fiabilidade e capacidade de resposta do sistema, distribuindo as funções de controlo por várias unidades ou nós. As estratégias de controlo avançado incluem métodos de deteção e diagnóstico de falhas para a identificação precoce de avarias ou anomalias do equipamento. Técnicas como a deteção de falhas com base em modelos, o processamento de sinais e a aprendizagem automática são aplicadas para melhorar a fiabilidade e a disponibilidade das centrais eléctricas. Os estudos centram-se no desenvolvimento e aperfeiçoamento de sistemas SCADA para uma monitorização e controlo abrangentes das centrais eléctricas [174]. Os sistemas SCADA avançados permitem a aquisição, visualização e controlo de dados em tempo real, facilitando o funcionamento e a manutenção eficientes das centrais. Com a crescente integração das tecnologias digitais, a investigação incide nos sistemas ciber-físicos das centrais eléctricas. São estudadas estratégias para melhorar a cibersegurança, proteger os protocolos de comunicação e proteger os sistemas de controlo das centrais eléctricas contra ciberameaças, a fim de garantir a integridade e a fiabilidade da produção de energia [174]. São exploradas estratégias de controlo para integrar sem problemas as fontes de energia renováveis nas centrais eléctricas.

Estudos anteriores sobre estratégias de controlo avançadas para centrais eléctricas abrangeram uma gama diversificada de tópicos, desde MPC e algoritmos de otimização até à deteção de falhas, cibersegurança e conceção da interface homem-máquina [175-177]. Os resultados contribuem para a evolução contínua dos sistemas de controlo, tornando as centrais eléctricas mais eficientes, fiáveis e adaptáveis a condições de funcionamento variáveis.

5.18. Eficiência energética nos edifícios

As aplicações de IA vão além da produção de energia para otimizar a utilização de energia nos edifícios. Para automatizar e otimizar a iluminação, o aquecimento, a ventilação, o ar condicionado (AVAC) e outras actividades que consomem muita energia, os sistemas de gestão de edifícios baseados em IA examinam as tendências de ocupação, as previsões meteorológicas e os dados sobre a utilização de energia [178].

A eficiência energética nos edifícios tem sido uma área de investigação proeminente, com numerosos estudos que exploram estratégias, tecnologias e políticas para minimizar o consumo de energia e melhorar a sustentabilidade no ambiente construído. Os estudos centram-se frequentemente na otimização da envolvente do edifício através de melhores materiais de isolamento, conceção de janelas e técnicas de construção. Um melhor isolamento ajuda a reduzir as cargas de aquecimento e arrefecimento, levando a um menor consumo de energia. A investigação explora o desenvolvimento e a implementação de sistemas AVAC energeticamente eficientes. Isto inclui estratégias de controlo avançadas, tecnologias de velocidade variável e a integração de sensores inteligentes para o controlo climático adaptativo.

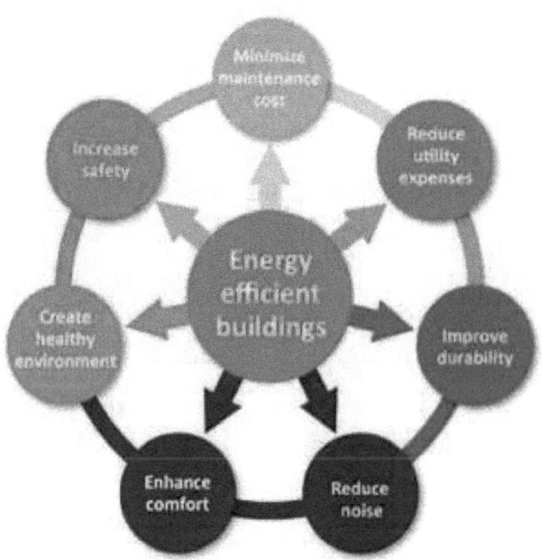

A integração de tecnologias inteligentes para a gestão de edifícios é um tema comum. Os estudos investigam a utilização de sistemas de automação de edifícios, dispositivos IoT e análise de dados para otimizar a utilização de energia, monitorizar o desempenho do equipamento e melhorar o conforto dos ocupantes [100, 179, 180]. Compreender o comportamento dos ocupantes e o seu impacto no consumo de energia é um dos principais objectivos. Os estudos analisam a forma como os ocupantes utilizam a energia nos edifícios, explorando a eficácia das intervenções comportamentais, dos sistemas de feedback e dos programas educativos para promover práticas de eficiência energética. Os investigadores examinam a forma como as fontes de energia renováveis, como as turbinas eólicas e os painéis solares, podem ser incorporadas na conceção dos edifícios. Os estudos exploram a viabilidade da produção de energia renovável no local e avaliam o impacto na eficiência energética global e na sustentabilidade. São utilizados modelos de simulação energética de edifícios para avaliar o desempenho energético de diferentes cenários de projeto. Os investigadores utilizam ferramentas como o EnergyPlus e o DesignBuilder para simular o comportamento dos edifícios, otimizar os parâmetros de conceção e examinar a eficácia das medidas de eficiência energética. As estratégias de conceção passiva, como a ventilação natural, a iluminação natural e o aquecimento solar passivo, são exploradas em vários estudos [181, 182]. Estas estratégias têm por objetivo minimizar a necessidade de sistemas mecânicos e reduzir o consumo de energia, tirando partido dos elementos naturais.

A reabilitação de edifícios existentes para melhorar a eficiência energética é um objetivo comum. Os estudos exploram medidas de reabilitação com boa relação custo-eficácia, avaliam as poupanças de energia obtidas através de actualizações e consideram o impacto ambiental dos projectos de reabilitação. Muitos estudos investigam o impacto das políticas e dos quadros regulamentares na eficiência energética dos edifícios. Isto inclui códigos de construção, normas energéticas e incentivos destinados a promover práticas de construção e renovação energeticamente eficientes. Os estudos de avaliação do ciclo de vida avaliam o impacto ambiental dos edifícios desde a construção até à demolição. Os investigadores analisam a energia incorporada dos materiais, o consumo de energia durante o funcionamento e as considerações de fim de vida para avaliar a sustentabilidade global dos projectos de construção. São exploradas estratégias de gestão da procura para otimizar os padrões de consumo de energia. Os estudos investigam técnicas de mudança de carga, programas de DR e a utilização de armazenamento de energia para minimizar os picos de procura e aumentar a fiabilidade da rede [183, 184].

Em resumo, os estudos anteriores sobre eficiência energética em edifícios abrangem uma vasta gama de tópicos, reflectindo uma abordagem abrangente à criação de ambientes construídos sustentáveis e energeticamente eficientes. Os conhecimentos adquiridos com estas investigações contribuem para o desenvolvimento atual de melhores práticas, tecnologias e políticas para edifícios energeticamente eficientes. As ferramentas de IA contribuem para a avaliação dos efeitos ambientais das FER através de avaliações do ciclo de vida. Estas avaliações têm em conta o tempo de vida total das infra-estruturas de energias renováveis, ajudando a reduzir as pegadas de carbono e informando a tomada de decisões sustentáveis. A atual utilização da IA nas energias renováveis abrange um vasto espetro, desde a avaliação dos recursos e a manutenção preditiva até à gestão da rede e à otimização do armazenamento de energia. Prevê-se que a integração da IA nas FER seja um fator essencial na definição de um futuro em que a energia seja produzida de forma mais eficiente e sustentável, tendo em conta os avanços tecnológicos em curso.

5.19. Desafios e oportunidades

A integração da IA nas FER apresenta tanto oportunidades prometedoras como desafios significativos [185]. Embora a IA tenha a capacidade de otimizar o desempenho, a eficiência e a fiabilidade das tecnologias de energias renováveis, é necessário enfrentar vários desafios para uma integração bem sucedida.

Os algoritmos de IA dependem em grande medida de dados abundantes e de elevada qualidade para a formação e a tomada de decisões. No domínio das energias renováveis, a obtenção de dados exactos e abrangentes sobre a velocidade do vento, a radiação solar, os padrões meteorológicos e outros dados importantes
variáveis pode ser um desafio [186]. Dados incompletos ou inexactos podem conduzir a modelos e previsões de IA não optimizados. As FER são frequentemente complexas e não lineares, envolvendo múltiplas variáveis e interações dinâmicas. O desenvolvimento de modelos de IA que descrevam com exatidão os meandros destes sistemas pode ser um desafio. A complexidade aumenta quando se integram diversas fontes renováveis, como a energia solar, eólica e hidroelétrica, num único sistema. A previsão e o controlo baseados na IA enfrentam dificuldades devido à natureza intermitente e variável das fontes de energia renováveis, como a solar e a eólica [187]. A adaptação dos algoritmos de IA para lidar com a incerteza e as rápidas mudanças nos padrões de produção de energia é essencial para uma integração efectiva nas FER. A falta de normalização dos formatos de dados, dos protocolos de comunicação e das interfaces de controlo entre as diferentes tecnologias de energias renováveis dificulta a integração perfeita da IA [188]. O desenvolvimento de quadros normalizados e proto-cols é essencial para facilitar a interoperabilidade e a colaboração entre diversos componentes nas FER. Os algoritmos de IA, nomeadamente os modelos de aprendizagem profunda, exigem frequentemente recursos computacionais substanciais. A implementação destes algoritmos de utilização intensiva de recursos em aplicações em tempo real para as FER, especialmente em zonas remotas ou com recursos limitados, pode ser um desafio devido à necessidade de infra-estruturas de computação potentes [189]. Os modelos de IA, especialmente os complexos como as redes neuronais, são geralmente considerados como "caixas negras", o que dificulta a interpretação dos seus processos de tomada de decisão. Em sistemas críticos como o das energias renováveis, a explicabilidade e a transparência são cruciais para ganhar confiança e compreender a lógica subjacente às decisões baseadas em IA. As FER estão sujeitas a condições ambientais variáveis, à degradação do equipamento e à evolução da tecnologia [189].

A integração da IA nas FER pode implicar custos iniciais significativos de hardware, software e pessoal qualificado. As instalações de pequena escala ou com recursos limitados podem enfrentar desafios na afetação de recursos para a integração da IA, limitando a adoção generalizada destas tecnologias. À medida que a IA se torna parte integrante das FER, o risco de ameaças à cibersegurança aumenta. A proteção dos modelos de IA, dos sistemas de controlo e das redes de comunicação contra ciberataques é crucial para garantir o funcionamento seguro e fiável das infra-estruturas de energias renováveis [190]. Os quadros e políticas regulamentares podem não acompanhar os rápidos avanços da tecnologia da IA. Regulamentos ambíguos ou restritivos podem dificultar a adoção da IA nas FER. São necessárias diretrizes claras e apoio regulamentar para facilitar uma implantação responsável e generalizada. A resolução destes desafios exige a colaboração entre investigadores, partes interessadas da indústria e decisores políticos. À medida que os avanços tecnológicos e as melhores práticas forem surgindo, a superação destes obstáculos contribuirá para a integração efectiva da IA nas FER, promovendo um futuro energético mais sustentável e resiliente [191].

A implementação da IA nas FER pode ter impactos ambientais e sociais significativos, tanto positivos como negativos. Embora a IA possa otimizar as FER e reduzir as emissões de carbono, também tem a sua própria pegada ambiental. O treino de modelos de IA requer uma potência computacional significativa, o que resulta num elevado consumo de energia e nas emissões de carbono associadas. Por conseguinte, a pegada de carbono das operações de IA deve ser cuidadosamente gerida para garantir que os benefícios da IA nas energias renováveis compensam os seus custos ambientais. A IA tem o potencial de democratizar o acesso à energia, tornando as energias renováveis mais acessíveis e económicas para um maior número de pessoas. Os sistemas de gestão de energia com recurso à IA podem otimizar a distribuição de energia e permitir a produção descentralizada de energia, capacitando as comunidades para gerar a sua própria energia limpa e reduzir a dependência das redes eléctricas centralizadas. Os algoritmos de IA podem herdar preconceitos dos dados utilizados para os treinar, levando a resultados injustos ou discriminatórios, como o acesso desigual a recursos de energia renovável. É crucial abordar estes preconceitos e garantir que os sistemas de IA são concebidos e implementados de forma justa e equitativa. Os sistemas de IA no domínio das energias renováveis podem recolher e analisar dados sensíveis, o que suscita preocupações em matéria de privacidade e segurança dos dados. Salvaguardar a informação pessoal e garantir a proteção dos dados é essencial para manter a confiança do público nas aplicações de IA.

5.20. Actividades recentes

5.20.1. DeepMind da Google para a energia eólica

Em 2018, a DeepMind, a subsidiária de IA da Google, colaborou com a National Grid do Reino Unido para otimizar a eficiência da produção de energia eólica. Utilizando algoritmos de aprendizagem automática, a DeepMind analisou as previsões meteorológicas e os dados históricos das turbinas para prever os padrões de vento. O sistema de IA forneceu previsões precisas, permitindo à Rede Nacional programar a produção de eletricidade de forma mais eficiente, resultando num aumento de 20% na produção de energia em comparação com os métodos tradicionais [192].

5.20.2. Previsão solar baseada em IA na IBM Research Ireland

A IBM Research Ireland implementou um projeto que utilizou a IA para uma previsão solar precisa [193]. O sistema integrou algoritmos de aprendizagem automática com modelação meteorológica avançada para prever a produção de energia solar. Ao melhorar a exatidão das previsões, o modelo de IA permitiu uma melhor gestão da rede e a integração da energia solar, ajudando a atenuar a natureza intermitente associada à energia solar [194].

5.20.3. Micro-rede autónoma no Sul da Austrália

No Sul da Austrália, um projeto de micro-redes autónomas implementado pela SIMEC Zen Energy utiliza a IA para otimizar o funcionamento de diversos recursos energéticos, incluindo a energia solar, eólica e o armazenamento de energia. O sistema de IA analisa continuamente os dados sobre a procura de energia, as condições meteorológicas e o estado do equipamento para tomar decisões em tempo real sobre o despacho e o armazenamento de energia, maximizando a eficiência e a resiliência da micro-rede [195].

Gestão de energia baseada em IA em edifícios inteligentes (Projeto Natick da Microsoft)
O projeto de centro de dados subaquático da Microsoft, conhecido como Project Natick, utilizou a IA para a gestão de energia. O projeto envolveu a implementação de um centro de dados submerso alimentado por fontes de energia renováveis. Os algoritmos de IA optimizaram o arrefecimento, a utilização de energia e o armazenamento de energia, contribuindo para ganhos de eficiência energética. O conceito de centro de dados submerso mostra como a IA pode ser aplicada para otimizar a utilização de energia em ambientes não convencionais [196].

5.20.4. Manutenção preditiva com recurso a IA em Parques eólicos (GE Renewable Energy)

A GE Renewable Energy utiliza a IA para a manutenção preditiva em parques eólicos. Ao analisar os dados dos sensores nas turbinas eólicas, os algoritmos de aprendizagem automática prevêem potenciais avarias do equipamento antes de estas ocorrerem. Isto permite uma manutenção pró-ativa, minimiza o tempo de inatividade e aumenta a fiabilidade e a eficiência globais das turbinas eólicas.

5.20.5. Otimização do armazenamento de energia com base em IA (Tesla)

A Tesla, conhecida pelas suas soluções de armazenamento de energia, incorpora a IA nos seus sistemas Power-pack e Power-wall. Os algoritmos de IA optimizam os ciclos de carga e descarga das unidades de armazenamento de energia com base nos preços da eletricidade, nos padrões de procura e na disponibilidade de energias renováveis. Isto resulta numa maior eficiência no armazenamento e utilização da energia, tornando mais eficaz a integração das fontes renováveis [197].

5.20.6. Gestão da rede baseada em IA na Alemanha (50 Hz)

Na Alemanha, o operador da rede de 50 Hz utiliza a IA para regular a integração das energias renováveis na rede [198]. O sistema de IA analisa os dados dos sensores, as previsões meteorológicas e os parâmetros da rede para tomar decisões em tempo real sobre o fluxo de energia e a estabilidade da rede. Isto ajuda a acomodar a natureza flutuante das origens das energias renováveis e melhora a eficiência geral da rede eléctrica.

5.20.7. Otimização de energia hidroelétrica através de IA Centrais (Voith Hydro)

A Voith Hydro, um fornecedor de soluções de energia hidroelétrica, incorpora a IA para otimizar o funcionamento das centrais hidroeléctricas [199]. Os algoritmos de IA analisam os dados sobre o caudal de água, a eficiência das turbinas e a procura da rede para ajustar o funcionamento das turbinas de modo a obter a máxima produção de energia. Esta abordagem melhora a eficiência global da produção de energia hidroelétrica. Estes estudos de caso ilustram as diversas aplicações da IA na otimização das FER, desde a previsão solar e eólica até à gestão da rede e ao armazenamento de energia. Prevê-se que a aplicação da IA no sector das energias renováveis aumente à medida que a tecnologia se desenvolve, apoiando a criação de uma paisagem energética mais eficiente e sustentável [192].

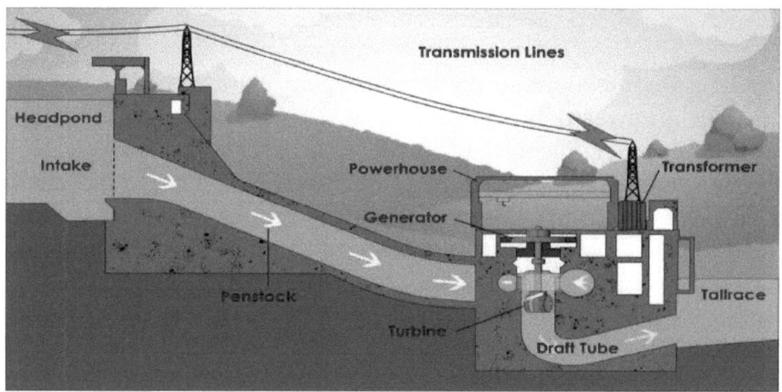

5.21. Tendências emergentes e perspectivas futuras

Várias tendências emergentes nas tecnologias de IA, incluindo a aprendizagem por reforço (RL) e a IA explicável (XAI), estão preparadas para ter uma influência significativa no futuro das FER. Estas tendências estão a contribuir para avanços que melhoram a eficiência, a fiabilidade e a integração das fontes de energia renováveis.

Estudos sobre a tecnologia de cadeias de blocos [200] no sector da energia: Da investigação básica às aplicações no mundo real. O estudo opinou que a tecnologia descentralizada de cadeia de blocos surgiu como uma força transformadora em vários sistemas centralizados, incluindo estruturas tradicionais de energia. O sector da energia está a assistir a uma mudança de recursos energéticos centralizados para recursos energéticos distribuídos, o que leva a explorar as implicações da tecnologia de cadeia de blocos nesta paisagem em evolução. Este estudo visa investigar o impacto da tecnologia de cadeia de blocos descentralizada no sector da energia através de investigação teórica e aplicações práticas.

Além disso, Wang et al. [201] estudaram a "Integração da tecnologia de cadeia de blocos no sector da energia: da teoria da cadeia de blocos à investigação e aplicação da cadeia de blocos de energia". O estudo opinou que a tecnologia Block-chain está a revolucionar a descentralização, sendo a energia descentralizada vista como vital para a sustentabilidade futura. O artigo revisou a teoria da cadeia de blocos e sua integração com a energia por meio de análise bibliométrica visual de 2014 a 2020. Os resultados indicam um aumento nas publicações sobre tecnologia de cadeia de blocos no setor de energia desde 2018, destacando seu surgimento como uma área de pesquisa chave.

5.22. RL na otimização das energias renováveis

O RL, um subconjunto da aprendizagem automática, está a ganhar força para otimizar o funcionamento e o controlo das FER [202]. Os algoritmos de RL, como a RL profunda, estão a ser aplicados para resolver problemas complexos de tomada de decisões. No contexto das energias renováveis, o RL é utilizado para otimizar a produção, o armazenamento e a distribuição de energia, aprendendo com as interações com o ambiente. Por exemplo, o RL pode ser aplicado para gerir os ciclos de carga e descarga dos ESS em resposta à produção variável de energias renováveis e à procura dinâmica de eletricidade.

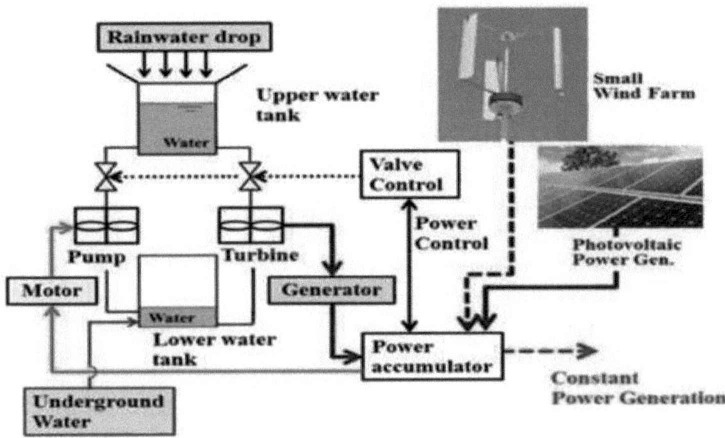

5.23. Previsão de energia com aprendizagem automática

As técnicas de aprendizagem automática, incluindo o RL, estão a ser utilizadas para uma previsão mais exacta e dinâmica da energia nas FER. Uma melhor previsão da produção de energia renovável, como a solar e a eólica, permite uma melhor integração na rede e um planeamento optimizado [91]. Ao tirar partido dos dados históricos e da informação em tempo real, os modelos RL podem adaptar-se a condições variáveis e aumentar a precisão das previsões da produção de energia.

5.24. XAI para apoio à decisão sobre energias renováveis

A XAI está a tornar-se cada vez mais importante, especialmente em sistemas críticos como as energias renováveis, onde a transparência e a interpretabilidade são essenciais.203 As técnicas de XAI visam tornar os modelos de IA mais compreensíveis e interpretáveis para os decisores. Nas FER, a XAI pode fornecer informações sobre a forma como os modelos de IA fazem previsões ou tomam decisões, ajudando os operadores e as partes interessadas a compreender a lógica subjacente às acções tomadas pelos algoritmos de IA. Esta transparência é crucial para ganhar confiança e facilitar a colaboração efectiva entre os sistemas de IA e os operadores humanos.

5.25. Manutenção preditiva melhorada por IA para activos renováveis

A manutenção preditiva é uma aplicação fundamental da IA no sector das energias renováveis. A RL e outras técnicas de IA são utilizadas para analisar dados de sensores de activos de energias renováveis, como turbinas eólicas e painéis solares, para prever e evitar falhas nos equipamentos [204]. Esta estratégia de manutenção proactiva reduz o tempo de inatividade, aumenta a durabilidade dos activos e melhora a fiabilidade do sistema.

5.26. Otimização de micro-redes com IA

As micro-redes, que muitas vezes incorporam fontes de energia renováveis, podem beneficiar da otimização baseada em IA. Os algoritmos de RL podem otimizar o despacho de energia, a armazenagem e a RD nas micro-redes, tendo em conta a natureza intermitente da produção renovável [205]. A otimização baseada em IA aumenta a resiliência e a eficiência das operações das micro-redes, tornando-as mais adaptáveis às condições energéticas locais.

5.27. Gestão e estabilidade da rede com RL

A RL é aplicada para melhorar a gestão e a estabilidade da rede na presença de fontes de energia renováveis. Os algoritmos de IA podem aprender estratégias de controlo óptimas para dispositivos ligados à rede, tais como ESS e unidades DR, para equilibrar a oferta e a procura, regular a tensão e melhorar a estabilidade global da rede.

5.28. Integração da IA no armazenamento de energias renováveis

O desempenho dos SEE pode ser grandemente melhorado através da utilização de tecnologias de IA, como a RL. Estes dispositivos retêm a energia extra produzida por recursos renováveis e libertam-na quando necessário. O RL pode controlar de forma adaptativa o armazenamento de energia com base nas condições em tempo real, nos requisitos da rede e em factores económicos, maximizando a eficiência das operações de armazenamento de energia [206]. As tecnologias de IA estão a ser aplicadas para facilitar a tomada de decisões em colaboração nas comunidades energéticas. A RL pode ajudar a otimizar a partilha e distribuição de energia entre os membros da comunidade com diversos recursos energéticos, promovendo uma paisagem energética mais descentralizada e resiliente. A integração da RL e da XAI nas FER promete otimizar as operações, aumentar a fiabilidade e facilitar a integração perfeita das fontes de energia renováveis na infraestrutura energética mais ampla. Estas tendências contribuem para a transformação em curso do sector energético no sentido da sustentabilidade e da resiliência.

5.29. Referências

[1]. Liao K, Yang Z, Tao D, et al. Explorar a intersecção cérebro-computador interfaces e deteção quântica: análise dos progressos da investigação e perspectivas futuras tendências. Adv Quantum Technol 2024; 7: 2300185.

[2]. Aziz MAA, Jalil AA, Triwahyono S, et al. Metanação de CO2 sobre catalisadores heterogéneos: progressos recentes e perspectivas futuras. Verde Chem 2015; 17: 2647-2663.

[3]. Szpunar KK, Spreng RN, Schacter DL. Uma taxonomia da prospeção: introdução de um quadro organizacional para a cognição orientada para o futuro. Proc Natl Acad Sci USA 2014; 111: 18414-18421.

[4]. Mridha MF, Das SC, Kabir MM, et al. Interface cérebro-computador: avanços e desafios. Sensors (Basileia) 2021; 21(5746)..: 1-46.

[5]. Underwood AG, Guynn MJ, Cohen AL. The future orientation of past memória: O papel da AB 10 na recuperação prospetiva e retrospetiva modos. Front Hum Neurosci 2015; 9: 1-12.

https://doi.org/10.3389/FNHUM.2015.00668
[6]. Li R, Li L, Wang Q. The impact of energy efficiency on carbon emissions (O impacto da eficiência energética nas emissões de carbono): dados do sector dos transportes em 30 províncias chinesas. Sustentar Cities Soc 2022; 82: 103880.
[7]. Wang Q, Zhang F, Li R. Revisitando a curva de Kuznets ambiental hipótese em 208 países: o papel da abertura comercial e do capital humano, energias renováveis e aluguer de recursos naturais. Environ Res 2023; 216: 114637.
[8]. Wang Q, Zhang F, Li R, et al. Does artificial intelligence promote energy transição e reduzir as emissões de carbono? O papel da abertura comercial. J Clean Prod 2024; 447: 141298.
[9]. Li R, Wang Q, Guo J. Revisitando a Curva de Kuznets Ambiental (EKC) hipótese de emissões de carbono: explorar o impacto dos riscos geopolíticos, rendas dos recursos naturais, governação corrupta e intensidade energética. J Environ Manage; 351: 119663. Epub ahead of print 1 de fevereiro de 2024.
[10]. Sovacool BK, Hess DJ, Amir S, et al. Sociotechnical agendas: reviewing direcções futuras para a investigação sobre energia e clima. Energy Res Soc Sci 2020; 70: 101617.
[11]. Owusu PA, Asumadu-Sarkodie S. A review of renewable energy sources, questões de sustentabilidade e mitigação das alterações climáticas. Cogent Eng; 3: 1167990. Epub ahead of print 31 de dezembro de 2016.
[12]. Ukoba KO, Eloka-Eboka AC, Inambao FL. Revisão de NiO deposição de película fina utilizando a técnica de pirólise por pulverização. Renovável Sustainable Energy Rev 2018; 82: 2900-2915.
[13]. Olatunji KO, Madyira DM. Otimização do rendimento de biometano de Xyris capensis grass usando pré-tratamento oxidativo. Energias 2023; 16: 3977.

[14]. Rohrig K, Berkhout V, Callies D, et al. Powering the 21st century by wind
energia - Opções, factos, números. Appl Phys Rev 2019;
6:031303. https://doi.org/10.1063/1.5089877/997348
[15]. Olatunji KO, Madyira DM, Ahmed NA, et al. Produção de biometano a partir de
Cascas de Arachis hypogea: efeito do pré-tratamento térmico na estrutura do substrato
e rendimento. Biomass Convers Biorefin 2024; 14: 6925-6938. Epub ahead of
imprimir 2022.
[16]. Ang TZ, Salem M, Kamarol M, et al. A comprehensive study of renewable
fontes de energia: classificações, desafios e sugestões. Estratégia energética
Revi 2022; 43: 100939.
[17]. Sayed ET, Wilberforce T, Elsaid K, et al. Uma revisão crítica sobre
Impactos ambientais dos sistemas de energias renováveis e atenuação
estratégias: eólica, hidroelétrica, biomassa e geotérmica. Sci Total Environ 2021;
766: 144505.
[18]. Basit MA, Dilshad S, Badar R, et al. Limitações, desafios e soluções
em sistemas de energia renovável ligados à rede. Int J Energy
Res 2020; 44: 4132-4162.
[19]. Lund H. Renewable energy strategies for sustainable
desenvolvimento. Energia 2007; 32: 912-919.
[20]. Lund H, Mathiesen B V. Análise de sistemas energéticos com 100% de energia renovável
o caso da Dinamarca nos anos 2030 e 2050. Energia 2009; 34:
524-531.
[21]. Evans A, Strezov V, Evans TJ. Avaliação de indicadores de sustentabilidade para
tecnologias de energias renováveis. Renewable Sustainable Energy Rev 2009;
13: 1082-1088.
[22]. Petrakopoulou F. A perspetiva social da autonomia das energias renováveis
de comunidades geograficamente isoladas: dados de uma comunidade mediterrânica
Ilha. Sustentabilidade 2017; 9: 327.

[23]. Liu W, Lund H, Mathiesen BV, et al. Potencial dos sistemas de energias renováveis
na China. Appl Energy 2011; 88: 518-525.
[24]. Ghorashi AH, Rahimi A. Renewable and non-renewable energy status in
Irão: a arte do saber-fazer e as lacunas tecnológicas. Energias renováveis e sustentáveis
Rev 2011; 15: 729-736.
[25]. Tsolakis N, Schumacher R, Dora M, et al. Artificial intelligence and
implementação de cadeias de blocos nas cadeias de abastecimento: um caminho para a sustentabilidade e
monetização de dados? Ann Oper Res 2022; 327: 157-210.
[26]. Cuevas E, González M. Um algoritmo de otimização para funções multimodais
inspirado no comportamento coletivo dos animais. Computação 2013; 17: 489-502.
[27]. Kitagawa Y, Tsuchiya T, Etoh D, et al. Uma solução iónica à base de óxido de grafeno
para um fabrico simples e um funcionamento estável. Jpn J Appl
Phys 2020; 59: SIIG03.
[28]. Akgun S, Greenhow C. Artificial intelligence in education: addressing
desafios éticos em ambientes K-12. AI Ethics 2021; 2: 431-440.
[29]. Hickok M. Lessons learned from AI ethics principles for future actions (Lições aprendidas com os princípios éticos da IA para acções futuras). IA
Ética 2020; 1: 41-47.
[30]. Gan I, Moussawi S. A value sensitive design perspective on AI biases. Proc
Annu Hawaii Int Conf Syst Sci 2022; 2022-janeiro: 5548-5557.
[31]. Davenport T, Guha A, Grewal D, et al. How artificial intelligence will
mudar o futuro do marketing. J Acad Mark Sci 2020; 48: 24-42.
[32]. Umbrello S. Coordenação benéfica da inteligência artificial através de um
abordagem de design sensível ao valor. Big Data Cognit Comput 2019; 3: 5.
[33]. Sivaram A, Venkatasubramanian V. XAI-MEG: combinação de IA simbólica
e aprendizagem automática para gerar modelos de primeiros princípios e modelos causais

explicações. AIChE J 2022; 68: e17687.
[34]. Serban AC, Lytras MD. Inteligência artificial para energias renováveis inteligentes
na Europa - Infra-estruturas energéticas inteligentes para a próxima geração de sistemas inteligentes
cidades. IEEE Access 2020; 8: 77364-77377.
[35]. Alsaigh R, Mehmood R, Katib I. AI Explainability and governance in smart
sistemas energéticos: uma revisão. Front Energy Res 2023; 11: 1071291.
[36]. Puri V, Jha S, Kumar R, et al. A hybrid artificial intelligence and internet of
modelo de coisas para geração de energia de fontes renováveis. IEEE
Access 2019; 7: 111181-111191.
[37]. AZ S QH e, et al. HMS. O papel das energias renováveis e artificiais
inteligência para a sustentabilidade ambiental e o zero líquido. Pré-impressões
Research Square 2023; 2023: 1-25.
https://doi.org/10.21203/RS.3.RS-2970234/V1
[38]. Chatterjee J, Dethlefs N. Facilitando uma transição mais suave para as energias renováveis
energia com IA. Patterns 2022; 3: 100528.
[39]. Zhang J. Aplicação de inteligência artificial em energias renováveis e
>ES Energy Environ 2021; 14: 1- 2.
https://doi.org/10.30919/esee8c550
[40]. Joy ER, Bansal RC, Ghenai C, et al. Artificial intelligence and its
aplicações em sistemas integrados de energia renovável. Actas de Energia
2022; 27: 1-8.
[41]. Ramachandran S. Aplicar a IA na eletrónica de potência para as energias renováveis
sistemas. IEEE Power Electron Mag 2020; 7: 66-67.
[42]. Haupt SE, McCandless TC, Dettling S, et al. Combinação de
inteligência com métodos baseados na física para energias renováveis probabilísticas
previsão. Energias 2020; 13: 1979.
[43]. Ostapenko O, Olczak P, Koval V, et al. Aplicação da geoinformação
sistemas de avaliação da integração efectiva das energias renováveis

tecnologias no sector da energia da Ucrânia. Appl Sci 2022; 12: 592.
[44]. Alam MM, Alshahrani T, Khan F, et al. Análise de eficiência baseada em IA
para sistemas fotovoltaicos de energia renovável. Phys Scr 2023; 98:
126006.
[45]. Sharifzadeh M, Sikinioti-Lock A, Shah N. Machine-learning methods for
produção integrada de eletricidade renovável: um estudo comparativo de
redes neurais, regressão vetorial de apoio e processo gaussiano
regressão. Renewable Sustainable Energy Rev 2019; 108: 513-538.
[46]. Shin W, Han J, Rhee W. AI-assistance for predictive maintenance of
sistemas de energia renovável. Energia 2021; 221: 119775.
[47]. Maleki R, Asadnia M, Razmjou A. Artificial intelligence-based material
descoberta para o futuro da energia limpa. Adv Intell Syst 2022; 4: 2200073.
[48]. Zhou T, Shen J, Ji S, et al. Gestão segura e inteligente dos dados energéticos
para dispositivos IoT inteligentes. Wirel Commun Mob Comput 2020; 2020: 1-
11. Epub ahead of print 2020.
[49]. Xu Y, Ahokangas P, Louis JN, et al. O mercado da eletricidade com base em
inteligência artificial: uma abordagem de plataforma. Energias 2019; 12: 4128.
[50]. Moghaddam S, Dashtdar M, Jafari H. AI Applications in smart cities'
automação de sistemas de energia. Repa Proc Ser 2022; 3: 1-5.
[51]. Bagheri A, Genikomsakis KN, Koutra S, et al. Utilização de algoritmos de IA em
diferentes tipologias de edifícios para a eficiência energética no sentido de uma
edifícios. Edifícios 2021; 11: 613.
[52]. Chen YY, Lin YH, Kung CC, et al. Conceção e implementação de sistemas de computação em nuvem
contadores de eletricidade inteligentes assistidos por análise, considerando

inteligência como análise de ponta na gestão do lado da procura para
casas. Sensores 2019; 19: 2047.

[53]. Wang S, Tao F, Shi Y, et al. Otimização do problema de encaminhamento de veículos com
janelas temporais para a logística da cadeia de frio com base no carbono
tax. Sustentabilidade 2017; 9: 694.

[54]. Pérez-Bernabeu E, Juan AA, Faulin J, et al. Horizontal cooperation in road
transportes: um caso que ilustra a poupança de distâncias e de gases com efeito de estufa
emissões. Int Trans Oper Res 2015; 22: 585-606.

[55]. Dong B, Duan M, Li Y. Exploração da otimização e visualização conjuntas
de transporte de inventário em logística agrícola baseado em colónia de formigas
algoritmo. Comput Intell Neurosci 2022; 2020: 1-11. Epub ahead of print
2022.

[56]. Shin H, Ban Y, Kil J, et al. Aplicações de aprendizagem automática no nó de 3nm
tecnologia e concepções para melhorar o PPA a nível de bloco. SPIE 2023; 12495:

[57]. Arrieta A B, Díaz-Rodríguez N, Del Ser J, et al. Explainable artificial
inteligência artificial (XAI): conceitos, taxonomias, oportunidades e desafios
rumo a uma IA responsável. Inf Fusion 2020; 58: 82-115.

[58]. Melnikov AA, Nautrup HP, Krenn M, et al. A máquina de aprendizagem ativa aprende
para criar novas experiências quânticas. Proc Natl Acad Sci U S A 2018; 115:
1221-1226.

[59]. Keleko AT, Kamsu-Foguem B, Ngouna RH, et al. Inteligência artificial
e manutenção preditiva em tempo real na indústria 4.0: uma análise bibliométrica
análise. AI Ethics 2022; 2: 553-577.

[60]. Hou Y, Dong Q, Wang D, et al. Introdução a 'Artificial intelligence in

análise de falhas de infra-estruturas e materiais de transporte". Phil Trans R
Soc A 2023; 381: 20220177, 1-5. https://doi.org/10.1098/RSTA.2022.0177.
[61]. Chuang SY, Sahoo N, Lin HW, et al. Predictive Maintenance with Sensor
Análise de dados numa plataforma experimental baseada no Raspberry Pi >Sensores
(Basileia) 2019; 18: 1-25. https://doi.org/10.3390/S19183884
[62]. Tsopra R, Fernandez X, Luchinat C, et al. A framework for validating AI in
medicina de precisão: considerações do CIFT europeu
consórcio. BMC Med Inform Decis Mak 2021; 21(274); 1-
14. https://doi.org/10.1186/S12911-021-01634-3
[63]. Dong M, Wang G, Han X. Inteligência artificial, estrutura industrial
otimização e emissões de CO2. Environ Sci Pollut Res 2023; 30:
108757-108773.
[64]. Borowski PF. Digitalização, gémeos digitais, cadeia de blocos e indústria 4.0 como
elementos do processo de gestão nas empresas do sector da energia
sector. Energias (Basileia). 14: 1885. Epub ahead of print 1 de abril
2021. https://doi.org/10.3390/EN14071885
[65]. Almarashda H, Baba I, Ramli T, et al. Expectativa do utilizador e benefícios da
implementação da inteligência artificial no sector da energia dos EAU. J Appl Eng
Sci 2022; 12: 1-10.
[66]. Mosavi A, Salimi M, Ardabili SF, et al. Estado da arte da aprendizagem automática
modelos em sistemas de energia, uma revisão sistemática. Energias (Basileia) 2019; 12:
1–14. https://doi.org/10.3390/EN12071301
[67]. Fadlallah SO, Benhadji Serradj DE. Determinação da potência solar óptima
sistema fotovoltaico (PV) para o Sudão. Sol Energy 2020; 208: 800-813.
[68]. He F, Zhu M, Fan J, et al. Entrega automatizada de drones no local, com recurso a energia solar
sistema inteligente de monitorização e tratamento de águas residuais. Adv Sci 2023; 10:
2302935.

[69]. Mathew D, Chinnappa Naidu R, Muthu R, et al. Otimização impulsionada pelo vento
técnica de estimação de parâmetros solares fotovoltaicos. IEEE J Photovolt 2017; 1-9.
[70]. Pérez-Romero Á, Mateo-Romero HF, Gallardo-Saavedra S, et al. Avaliação
de modelos baseados na inteligência artificial para a classificação de sistemas fotovoltaicos defeituosos
células. Appl Sci 2021; 11: 4226.
[71]. Freitas S, Silva M, Silva E, et al. Uma estrutura baseada em inteligência artificial
acelerar políticas baseadas em dados para promover a energia solar fotovoltaica em
Lisboa. Solar RRL 2023; 7(24): 1-
11. https://doi.org/10.1002/SOLR.202300597
[72]. Nazir U, Zaman K. Os ventos da mudança estão a soprar: o impacto da globalização
sobre as energias renováveis e os desafios ambientais Arquivos do Comité Social
Ciências: Um Jornal de Memória Colaborativa 2023; 2: 78-93.
[73]. Mlilo N, Brown J, Ahfock T. Impact of intermittent renewable energy
penetração da produção nas redes do sistema elétrico - uma revisão. Tecnologia
Econ Smart Grids Sustainable Energy 2021; 6: 1-19.
[74]. Tang X, Li F, Seetharam TG, et al. Internet das coisas assistida por um sistema inteligente
modelo de monitorização para analisar o estado de saúde física. Tecnologia da Saúde
Care 2021; 29: 1355-1369.
[75]. Mohammad A, Mahjabeen F. Revolutionizing Solar energy: the impact of
inteligência artificial em sistemas fotovoltaicos. Int J Multi Sci Arts 2023; 2:
117-127.
[76]. Ahmadzadeh S, Parr G, Zhao W. A review on communication aspects of
gestão da resposta à procura para as futuras redes inteligentes 5G baseadas na IoT. IEEE
Access 2021; 9: 77555-77571.
[77]. He W, King M, Luo X, et al. Technologies and economics of electric

armazenamento de energia em sistemas eléctricos: revisão e perspetiva. Adv. Appl.
Energia 2021; 4: 100060.
[78]. Hannan MA, Tan SY, Al-Shetwi AQ, et al. Controlador optimizado para
integração das fontes de energia renováveis na microrrede: funções, condicionalismos
e sugestões. J Clean Prod 2020; 256: 120419.
[79]. Zygmunt M, Gawin D, Krzywanski J, et al. Aplicação de sistemas neurais artificiais
redes na modelação energética de edifícios urbanos residenciais polacos
parque imobiliário. Energias 2021; 14: 8285.
[80]. Simão M, Ramos HM. Soluções híbridas de armazenamento de energia hidroelétrica por bombagem
para a integração da energia eólica e fotovoltaica: melhoria da flexibilidade, fiabilidade e
custos energéticos. Água (Basileia) 2020; 12: 2457.
[81]. Boza P, Evgeniou T. Artificial intelligence to support the integration of
fontes de energia renováveis variáveis para o sistema elétrico. Appl Energy 2021;
290: 116754.
[82]. Ahmad T, Madonski R, Zhang D, et al. Máquina probabilística baseada em dados
aprendizagem no domínio da energia inteligente sustentável/sistemas energéticos inteligentes: chave
desenvolvimentos, desafios e futuras oportunidades de investigação no contexto
do paradigma das redes inteligentes. Renewable Sustainable Energy Rev 2022; 160:
112128.
[83]. Yousef LA, Yousef H, Rocha-Meneses L. Inteligência artificial para
gestão de sistemas de energias renováveis variáveis: uma revisão das actuais
estado e direcções futuras. Energias 2023; 16: 8057.
[84]. Afridi YS, Ahmad K, Hassan L. Artificial intelligence based prognostic
manutenção de sistemas de energias renováveis: uma revisão das técnicas,

desafios e futuras direcções de investigação. Int J Energy Res 2022; 46:
21619-21642.
[85]. Aslam S, Herodotou H, Mohsin SM, et al. A survey on deep learning
métodos de previsão da carga de eletricidade e das energias renováveis em sistemas inteligentes
microrredes. Renewable Sustainable Energy Rev 2021; 144: 110992.
[86]. Ying C, Wang W, Yu J, et al. Aprendizagem profunda para as energias renováveis
uma taxonomia e uma revisão sistemática da literatura. J Clean Prod 2023; 384: 135414.
[87]. Krishnan N, Kumar KR, Inda CS. O impacto da previsão da radiação solar
A utilização da energia solar: uma revisão crítica. J Clean Prod 2023; 388:
135860.
[88]. Hissou H, Benkirane S, Guezzaz A, et al. Um novo sistema de aprendizagem automática
abordagem para estimativa da radiação solar. Sustentabilidade 2023; 15: 10609.
[89]. Wang H, Lei Z, Zhang X, et al. A review of deep learning for renewable
previsão de energia. Energy Convers Manag 2019; 198: 111799.
[90]. Olatunji KO, Ahmed NA, Madyira DM, et al. Avaliação do desempenho de
Modelação ANFIS e RSM na previsão da produção de biogás e metano a partir de
Cascas de Arachis hypogea pré-tratadas com redução de tamanho. Energia Renovável 2022;
189: 288-303.
[91]. Sweeney C, Bessa RJ, Browell J, et al. The future of forecasting for energia renovável. Wiley Interdiscip Rev Energy Environ 2020; 9: e365.
[92]. Ahmad T, Zhang H, Yan B. A review on renewable energy and electricity
modelos de previsão de requisitos para redes e edifícios inteligentes. Cidades sustentáveis
Soc, 2020; 55: 102052.
[93]. Ezbakhe F, Pérez-Foguet A. Decision analysis for sustainable development:

o caso do planeamento de energias renováveis em condições de incerteza. Eur J Oper
Res 2021; 291: 601-613.
[94]. Adedeji PA, Akinlabi S, Madushele N, et al. Produção de eletricidade das turbinas eólicas
previsão a muito curto prazo: um estudo comparativo de técnicas de agrupamento de dados
num modelo PSO-ANFIS. J Clean Prod 2020; 254: 120135.
[95]. Khan AN, Iqbal N, Rizwan A, et al. Um conjunto de medidas de consumo de energia
modelo de previsão baseado na análise de agrupamento espácio-temporal em
edifícios residenciais. Energias 2021; 14: 3020.
[96]. Nelson JR, Grubesic TH. The use of LiDAR versus unmanned aerial
(UAS) para avaliar o potencial de energia solar nos telhados. Cidades sustentáveis
Soc 2020; 61: 102353.
[97]. Avtar R, Sahu N, Aggarwal AK, et al. Exploring renewable energy
recursos usando sensoriamento remoto e GIS - uma revisão. Recursos 2019; 8:
149.
[98]. Houben N, Cosic A, Stadler M, et al. Optimal dispatch of a multi-energy
micro-rede de sistema sob incerteza: uma comunidade de energia renovável em
Áustria. Appl Energy 2023; 337: 120913.
[99]. He L, Zhang J. Energy trading in local electricity markets with behind-the-
contador solar e armazenamento de energia. IEEE Trans Energy Mark Policy and
Regul 2023; 1: 107-117.
[100]. Zheng J, Du J, Wang B, et al. Um quadro híbrido para a previsão da potência
produção de múltiplas fontes de energia renováveis. Renovável Sustentável
Energy Rev 2023; 172: 113046.
[101]. Sørensen ML, Nystrup P, Bjerregård MB, et al. Desenvolvimentos recentes em
previsão multivariada da energia eólica e solar. Wiley Interdiscip Rev
Energy Environ 2023; 12: e465.

[102]. Ukoba MO, Diemuodeke OE, Alghassab M, et al. Compósito multi-critério
análise de decisão para otimização de sistemas híbridos de energias renováveis para
zonas geopolíticas na Nigéria. Sustentabilidade 2020; 12: 5732.
[103]. Ahmad T, Zhang D, Huang C, et al. Artificial intelligence in sustainable
indústria energética: situação atual, desafios e oportunidades. J Clean
Prod 2021; 289: 125834.
[104]. Mori M, Ceccarelli A, Lollini P, et al. Modelação de sistemas de sistemas utilizando um
perfil SysML abrangente baseado no ponto de vista. J Software: Evol
Process 2018; 30: e1878.
[105]. Abdulsalam KA, Adebisi J, Emezirinwune M, et al. An overview and
análise multicritério de tecnologias de comunicação para redes inteligentes
aplicações. e-Prime - Adv Electr Eng Electron Energy 2023; 3: 100121.
[106]. Hasan MK, Habib AA, Islam S, et al. Redes de comunicação de redes inteligentes
para veículos eléctricos que potenciam a produção de energia distribuída: condicionalismos,
desafios e recomendações. Energias 2023; 16: 1140.
[107]. Huang C, Sun CC, Duan N, et al. Contador inteligente pingando e lendo através de
Redes de comunicação bidirecional AMI para monitorizar os dispositivos de ponta da rede e
DERs. IEEE Trans Smart Grid 2022; 13: 4144-4153. Epub ahead of print
2021.
[108]. Jain S, Babu S, Nair AR, et al. Smart metering. Act Electr Distrib Network:
A Smart Approach 2021; 22: 573-595.
[109]. Kaur I. Metering architecture of smart grid (Arquitetura de medição da rede inteligente). Des Anal Appl Renewable
Energy Syst 2021; 29: 687-704.
[110]. Jordehi AR. Otimização da resposta da procura em sistemas de energia eléctrica, um

revisão. Renewable Sustain Energy Rev 2019; 103: 308-319.
[111]. Tang R, Wang S. Controlo preditivo de modelos para armazenamento de energia térmica e
otimização do conforto térmico da resposta à procura em edifícios inteligentes
redes. Appl Energy 2019; 242: 873-882.
[112]. Hafeez G, Alimgeer KS, Wadud Z, et al. Uma otimização inovadora
estratégia para uma gestão eficiente da energia com resposta à procura para o dia seguinte
previsão do sinal e do consumo de energia em redes inteligentes utilizando
rede neural. IEEE Access 2020; 8: 84415-84433.
[113]. Gunduz MZ, Das R. Cyber-security on smart grid: threats and potential
soluções. Comput Netw 2020; 169: 107094.
[114]. Syrmakesis AD, Alcaraz C, Hatziargyriou ND. Classifying resilience
abordagens para proteger as redes inteligentes contra as ciberameaças. Int J Inf
Secur 2022; 21: 1189-1210.
[115]. Jha R. Cibersegurança e confidencialidade na rede inteligente para melhorar a
sustentabilidade e fiabilidade. Recent Res Rev J 2023; 2: 216.
[116]. Ran Y, Zhou X, Lin P, et al. A Survey of predictive maintenance: systems,
objectivos e abordagens. IEEE Commun Surveys
Tutoriais 2019.
https://arxiv.org/abs/1912.07383v1 (acedido em 3 de janeiro de 2024).
[117]. Olesen JF, Shaker HR. Predictive maintenance for pump systems and
centrais térmicas: revisão do estado da arte, tendências e
desafios. Sensores 2020; 20: 2425.
[118]. Molęda M, Małysiak-Mrozek B, Ding W, et al. De corretivo para
manutenção preditiva - uma análise das abordagens de manutenção para a
indústria energética. Sensores 2023; 23: 5970.
[119]. Gwerder YV, Figueiredo NC, da Silva PP. Investindo em redes inteligentes:
avaliar a influência dos factores regulamentares e de mercado no investimento

nível. Energy J 2019; 40: 25-44.
https://ideas.repec.org/a/aen/journl/ej40-4-figueiredo.html
(acedido em 3
janeiro de 2024).
[120]. Valor C, Escudero C, Labajo V, et al. Conceção eficaz da energia doméstica
ecrãs eficientes: uma proposta de arquitetura baseada em dados empíricos
evidência. Renewable Sustain Energy Rev 2019; 114: 109301.
[121]. Bogdanova O, Viskuba K, Zemīte L. Uma revisão das barreiras e possibilidades em
cadeia de desempenho da resposta à procura. Energias 2023; 16: 6699.
[122]. Mirhosseini M, Keynia F. Gestão de activos e manutenção
para sistemas de distribuição de energia eléctrica: uma revisão. IET Gener Transm
Distrib 2021; 15: 2287-2297.
[123]. Namuduri S, Narayanan B, Davuluru VSP, et al. Aprendizagem profunda de revisão
métodos de manutenção preditiva baseada em sensores e perspectivas futuras para
sensores electroquímicos. J Electrochem Soc 2020; 167: 037552.
[124]. Cheng JCP, Chen W, Chen K, et al. Manutenção preditiva baseada em dados
quadro de planeamento para componentes MEP com base em BIM e IoT utilizando
algoritmos de aprendizagem automática. Autom Constr 2020; 112: 103087.
[125]. Sayyad S, Kumar S, Bongale A, et al. Vida útil restante baseada em dados
estimativa para o processo de fresagem: sensores, algoritmos, conjuntos de dados e futuro
direcções. IEEE Access 2021; 9: 110255-110286.
[126]. Jagatheesaperumal SK, Rahouti M, Ahmad K, et al. A dupla de actores artificiais
inteligência e big data para a indústria 4.0: aplicações, técnicas,
desafios e futuras direcções de investigação. IEEE Internet Things J 2022; 9:
12861-12885.
[127]. Re-Thinking A, Li J, Šarler B, et al. Re-Thinking data strategy and integração para a inteligência artificial: conceitos, oportunidades e desafios. Appl Sci 2023; 13: 7082.

[128]. Scheibner J, Ienca M, Kechagia S, et al. Proteção de dados e ética requisitos para a investigação em vários locais com dados de saúde: uma análise comparativa
análise dos quadros legislativos de governação e do papel dos dados
tecnologias de proteção. J Law Biosci 2020; 7: 1-30. https://doi.org/10.1093/JLB/LSAA010
[129]. Tang Z, Yang Y, Blaabjerg F. Eletrónica de potência: a tecnologia facilitadora
para a integração de energias renováveis. CSEE J Power Energy Syst 2022; 8: 39-
52.
[130]. Alam MM, Rahman MH, Ahmed MF, et al. Aprendizagem profunda baseada em
gestão de energia para armazenamento de energia fotovoltaica e de baterias integrado
sistema de micro-rede doméstica. Sci Rep 2022; 12: 1-19.
[131]. Baumann M, Weil M, Peters JF, et al. A review of multi-criteria decision
abordagens para a avaliação de sistemas de armazenamento de energia para a rede
aplicações. Renewable Sustain Energy Rev 2019; 107: 516-534.
[132]. Worighi I, Maach A, Hafid A, et al. Integração das energias renováveis em sistemas inteligentes de
sistema de rede: arquitetura, virtualização e análise. Redes de Energia Sustentáveis
Networks 2019; 18: 100226.
[133]. Richey RG, Chowdhury S, Davis-Sramek B, et al. Artificial intelligence in
logística e gestão da cadeia de abastecimento: uma cartilha e um roteiro para
pesquisa. J Bus Logist 2023; 44: 532-549.
[134]. Bibri SE, Krogstie J, Kaboli A, et al. Smarter eco-cities and their leading-
soluções de ponta de inteligência artificial das coisas para o ambiente
sustentabilidade: uma revisão sistemática exaustiva. Ciências do Ambiente
Ecotechnol 2024; 19: 100330.
[135]. Rahman MM, Oni AO, Gemechu E, et al. Avaliação do armazenamento de energia

tecnologias: uma revisão. Energy Convers Manage 2020; 223: 113295.
[136]. McIlwaine N, Foley AM, Morrow DJ, et al. Uma tecnologia de ponta para a
análise económica do armazenamento de energia distribuído e incorporado para fins energéticos
sistemas. Energia 2021; 229: 120461.
[137]. Jafari M, Botterud A, Sakti A. Decarbonizing power systems: a critical
análise do papel do armazenamento de energia. Energias renováveis e sustentáveis
Rev 2022; 158: 112077.
[138]. Umar DA, Alkawsi G, Jailani NLM, et al. Avaliação da eficácia de
métodos inteligentes para o seguimento do ponto de máxima potência na energia eólica
sistemas de colheita. Processos 2023; 11: 1420.
[139]. Bekirsky N, Hoicka CE, Brisbois MC, et al. Muitos actores entre múltiplos
energias renováveis: uma análise sistemática do envolvimento dos actores na complementaridade das
fontes de energia renováveis. Renewable Sustainable Energy Rev 2022; 161:
112368.
[140]. Hasti F, Mamkhezri J, McFerrin R, et al. Sítio solar fotovoltaico ótimo
seleção utilizando técnicas de modelação baseadas em sistemas de informação geográfica
e avaliação dos impactos ambientais e económicos: o caso da
Curdistão. Sol Energy 2023; 262: 111807.
[141]. Sousa J, Lagarto J, Camus C, et al. Otimização das comunidades de energia renovável
conceção apoiada por um modelo de otimização do investimento em PV/eólico
capacidade e partilha de eletricidade renovável. Energia 2023; 283: 128464.
[142]. Rathor SK, Saxena D. Energy management system for smart grid: an
visão geral e questões fundamentais. Int J Energy Res 2020; 44: 4067-4109.
[143]. Hajirahimi Z, Khashei M. Hybrid structures in time series modeling and
previsão: uma revisão. Eng Appl Artif Intell 2019; 86: 83-106.

[144]. Babatunde OM, Munda JL, Hamam Y. A comprehensive state-of-the-art
estudo sobre o planeamento da expansão da produção de eletricidade com energias renováveis intermitentes
fonte de energia e armazenamento de energia. IJER 2019; 43: 6078-6107.
[145]. Gold R, Waters C, York D. Leveraging advanced metering infrastructure to
poupar energia.
[146]. Stanelyte D, Radziukyniene N, Radziukynas V. Overview of demand-
serviços de resposta: uma revisão. Energias 2022; 15: 1659.
[147]. Pham Q-V BP, Liyanage M, et al. Aprendizagem profunda para a procura inteligente
e as redes inteligentes: um estudo exaustivo.
2021. https://arxiv.org/abs/2101.08013v1 (acedido em 3 de janeiro de 2024).
[148]. Sulaiman A, Nagu B, Kaur G, et al. Artificial intelligence-based secured
protocolo de rede eléctrica para cidade inteligente. Sensores 2023; 23: 8016.
[149]. Abdulgalil MA, Khalid M, Alismail F. Optimal sizing of battery energy
armazenamento para uma microrrede ligada à rede sujeita a vento
incertezas. Energias 2019; 12: 2412.
[150]. Sarker E, Seyedmahmoudian M, Jamei E, et al. Optimal management of
cargas domésticas com integração de energias renováveis e resposta à procura
estratégia. Energia 2020; 210: 118602.
[151]. Khan MW, Li G, Wang K, et al. Controlo ótimo e comunicação
estratégias em redes de produção de energia múltipla. IEEE Commun Surv
Tutoriais 25: 2599-2653. Epub antes da impressão
2023. https://doi.org/10.1109/COMST.2023.3304982
[152]. Hussain A, Bui VH, Kim HM. As microrredes como recurso de resiliência e
estratégias utilizadas pelas microrredes para aumentar a resiliência. Appl Energy 2019;
240: 56-72.
[153]. Panda SK, Subudhi B. A review on robust and adaptive control schemes for

microgrid. J Mod Power Syst Clean Energy 2023; 11: 1027-1040.
[154]. Muhtadi A, Pandit D, Nguyen N, et al. Recursos energéticos distribuídos baseados em
microgrid: revisão da arquitetura, controlo e fiabilidade. IEEE Trans Ind
Appl 2021; 57: 2223-2235.
[155]. Hmad J, Houari A, Bouzid AEM, et al. Uma revisão da transição de modo
estratégias entre o funcionamento ligado à rede e o funcionamento autónomo da tensão
microrredes baseadas em inversores de fonte. Energias 2023; 16: 5062.
[156]. Salehi N, Martinez-Garcia H, Velasco-Quesada G, et al. A comprehensive
análise de estratégias de controlo e de métodos de otimização para
microrredes comunitárias. IEEE Access 2022; 10: 15935-15955.
[157]. Zahraoui Y, Alhamrouni I, Mekhilef S, et al. Sistema de gestão de energia em
microrredes: uma revisão abrangente. Sustentabilidade 2021; 13: 10492.
[158]. Al-Shahri OA, Ismail FB, Hannan MA, et al. Energia solar fotovoltaica
métodos de otimização, desafios e questões: uma revisão exaustiva. J
Clean Prod 2021; 284: 125465.
[159]. Seme S, Štumberger B, Hadžiselimović M, et al. Seguimento solar fotovoltaico
para a produção de eletricidade: uma revisão. Energias 2020; 13: 4224.
[160]. AL-Rousan N, Isa NAM, Desa MKM. Avanços na energia solar fotovoltaica
sistemas de rastreamento: uma revisão. Renewable Sustainable Energy Rev 2018; 82:
2548-2569.
[161]. Asiabanpour B, Almusaied Z, Aslan S, et al. Fixed versus sun tracking solar
painéis: uma análise económica. Clean Technol Environ Policy 2017; 19:
1195-1203.
[162]. Nsengiyumva W, Chen SG, Hu L, et al. Avanços recentes e
desafios dos sistemas de seguimento solar (STS): uma análise. Sustentabilidade renovável

Energy Rev 2018; 81: 250-279.
[163]. Awasthi A, Shukla AK, Murali Manohar SR, et al. Revisão sobre o seguimento do sol
em sistemas solares fotovoltaicos. Relatórios de Energia 2020; 6: 392-405.
[164]. El Jaouhari Z, Zaz Y, Moughyt S, et al. Projeto de um seguidor solar de eixo duplo baseado
num gerador de imagens hemisféricas digital. J Solar Energy Eng Trans ASME; 141.
2019; 1-8. https://doi.org/10.1115/1.4039098/366269
[165]. Zhu Y, Liu J, Yang X. Conceção e análise do desempenho de um sistema de seguimento solar
sistema com uma nova estrutura de seguimento de um eixo para maximizar a energia
coleção. Appl Energy 2020; 264: 114647.
[166]. Mamodiya U, Tiwari N. Sistema de seguimento solar de eixo duplo com diferentes
estratégias de controlo para melhorar a eficiência energética. Comput Electr Eng 2023;
111: 108920.
[167]. Pang Z, Niu F, O'Neill Z. Solar radiation prediction using recurrent neural
e rede neural artificial: um estudo de caso com
comparações. Renew Energy 2020; 156: 279-289.
[168]. Raina G, Vijay R, Sinha S. Study on the optimum orientation of bifacial
módulo fotovoltaico. Int J Energy Res 2022; 46: 4247-4266.
[169]. Sun L, Bai J, Pachauri RK, et al. Um suporte de seguimento horizontal de eixo único
com um ângulo de inclinação ajustável e o seu sistema de rastreio adaptativo em tempo real para
módulos fotovoltaicos bifaciais. Renew Energy 2024; 221: 119762.
[170]. Mourad A, Aissa A, Said Z, et al. Avanços recentes nas aplicações de
materiais de mudança de fase para colectores solares, limitações práticas e
desafios: uma revisão crítica. J Energy Storage 2022; 49: 104186.
[171]. Geetha P, Ajitha S, Jyothirmayi M, et al. Monitorização inteligente da gama de funcionamento
de células solares fotovoltaicas com materiais de mudança de fase integrados utilizando a energia solar profunda

modelo de aprendizagem. Electr Power Compon Syst Epub ahead of print 2023; 52:
2147–2158. https://doi.org/10.1080/15325008.2023.2249882
[172]. Velásquez JD, Cadavid L, Franco CJ. Técnicas de inteligência em sustentabilidade
energia: análise de uma década de avanços. Energias 2023; 16: 6974.
[173]. Zhang Y, Kou X, Song Z, et al. Investigação sobre a disposição da gestão logística
otimização e aplicação em tempo real baseada em
programação. Nonlinear Engineering 2021; 10: 526-534.
[174]. Marali M, Sudarsan SD, Gogioneni A. Ameaças à cibersegurança na indústria
sistemas de controlo e proteção. Actas da Conferência Internacional de 2019
Conferência sobre os avanços na engenharia informática e das comunicações,
ICACCE 2019. Epub ahead of print 1 de abril de 2019.
[175]. Angelopoulos A, Michailidis ET, Nomikos N, et al. Tackling faults in the
a era da indústria 4.0 - um inquérito sobre soluções de aprendizagem automática e principais
aspectos. Sensores 2020; 20: 109.
[176]. Marot A, Kelly A, Naglic M, et al. Perspectivas sobre o futuro do sistema elétrico
centros de controlo para a transição energética. J Mod Power Syst Clean Energy 2022;
10: 328-344.
[177]. Nespoli P, Nankya M, Chataut R, et al. Securing industrial control systems:
componentes, ciberameaças e defesa baseada na aprendizagem automática
estratégias. Sensores 2023; 23: 8840.
[178]. Shi H, Chen Q. Tomada de decisões sobre a gestão energética de edifícios no mercado real
mundo: um estudo comparativo das estratégias de arrefecimento HVAC. J Build Eng 2021;
33: 101869.
[179]. Metallidou CK, Psannis KE, Egyptiadou EA. Eficiência energética em sistemas inteligentes
edifícios: Abordagens IoT. IEEE Access 2020; 8: 63679-63699.

[180]. Yaïci W, Krishnamurthy K, Entchev E, et al. Avanços recentes na Internet de coisas (IoT) para sistemas energéticos de edifícios: uma revisão. Sensores 2021; 21: 2152.
[181]. Amirifard F, Sharif SA, Nasiri F. Aplicação de medidas passivas para conservação de energia em edifícios - uma revisão. Adv Build Energy Res 2019; 13: 282-315.
[182]. Amy Becker E, Hernandez AM, Schwoebel PR, et al. Conceção passiva de edifícios: uma revisão das caraterísticas de configuração para ventilação natural e iluminação natural. J Phys Conf Ser 2021; 2053: 012009.
[183]. Hamidpour H, Aghaei J, Pirouzi S, et al. Flexível, fiável e renovável planeamento dos recursos do sistema elétrico tendo em conta os sistemas de armazenamento de energia e programas de resposta à procura. IET Renew Power Gener 2019; 13: 1862-1872. https://doi.org/10.1049/iet-rpg.2019.0020
[184]. Metwaly MK, Teh J. Probabilistic peak demand matching by battery energy armazenamento, juntamente com classificações térmicas dinâmicas e resposta à procura para maior fiabilidade da rede. IEEE Access 2020; 8: 181547-181559.
[185]. Abdalla AN, Nazir MS, Tao H, et al. Integração do sistema de armazenamento de energia e fontes de energia renováveis baseadas na inteligência artificial: uma visão geral. J Energy Storage 2021; 40: 102811.
[186]. Shamshirband S, Rabczuk T, Chau KW. Um inquérito sobre a aprendizagem profunda técnicas: aplicação em recursos de energia eólica e solar. IEEE Access 2019; 7: 164650-164666.
[187]. He Z, Guo W, Zhang P. Previsão do desempenho, conceção óptima e controlo operacional do armazenamento de energia térmica através de inteligência artificial métodos. Renewable Sustain Energy Rev 2022; 156: 111977.
[188]. Abrahamsen FE, Ai Y, Cheffena M. Communication technologies for smart grade: uma pesquisa abrangente. Sensores 2021; 21: 8087.

[189]. Hazra A, Rana P, Adhikari M, et al. Fog computing for next-generation
internet das coisas: fundamentos, estado da arte e investigação desafios. Comput Sci Rev 2023; 48: 100549.
[190]. Chehri A, Fofana I, Yang X. Modelação do risco de segurança em redes inteligentes críticas
infra-estruturas na era dos grandes dados e da tecnologia artificial inteligência. Sustentabilidade 2021; 13: 3196.
[191]. Alotaibi I, Abido MA, Khalid M, et al. A comprehensive review of recent
avanços nas redes inteligentes: um futuro sustentável com energias renováveis
recursos. Energias 2020; 13: 6269.
[192]. Serban AC, Lytras MD. Inteligência artificial para energias renováveis inteligentes
na Europa - infra-estruturas energéticas inteligentes para a próxima geração de sistemas inteligentes
cidades. IEEE Access 2020; 8: 77364-77377.
[193]. A bola de cristal de aprendizagem automática da IBM pode prever as energias renováveis
Disponibilidade Computerworld.
https://www.computerworld.com/article/2948987/ibms-machine-learning-
crystal-ball-can-foresee-renewable-energy-availability.htm
[194]. Fara L, Diaconu A, Craciunescu D, et al. Previsão da produção de energia
para sistemas fotovoltaicos com base em modelos avançados ARIMA e ANN. Int
J Photoenergy 2021; 2021: 1-19. Epub antes da impressão 2021.
[195]. Rajendran Pillai VR, Rajasekharan Nair Valsala R, Raj V, et al. Explorando
o potencial das microrredes na utilização efectiva das energias renováveis: um
análise exaustiva dos temas em evolução e das prioridades futuras, utilizando as principais
análise de trajetória. Designs (Basileia) 2023; 7: 58.
[196]. A Microsoft considera que os centros de dados subaquáticos são fiáveis, práticos e utilizam energia
de forma sustentável.
https://news.microsoft.com/source/features/sustainability/project-natick-
underwater-datacenter/ (acedido em 10 de janeiro de 2024).

[197]. Tesla Energy Software | Tesla. https://www.tesla.com/support/energy/tesla-
software (acedido em 10 de janeiro de 2024).
[198]. Forbes KF, Stampini M, Zampelli EM. The relationship between wind
acções dos operadores de energia e de sistemas para garantir a fiabilidade da rede eléctrica:
dados econométricos do sistema de transmissão 50Hertz na Alemanha.
[199]. Hogan TW, Cada GF, Amaral S V. O estado do ambiente melhorado
hidroelétrica TurbinasEl estado de las turbinas hidroeléctricas
ambientalmente melhoradas. Fisheries (Bethesda) 2014; 39: 164-172.
[200]. Wang Q, Li R, Zhan L. Tecnologia Blockchain no sector da energia: de
da investigação fundamental para aplicações no mundo real. Comput Sci Rev 2021; 39:
100362.
[201]. Wang Q, Su M, Li R. Será a China o líder mundial da cadeia de blocos? Evidências,
evolução e perspectivas da investigação sobre cadeias de blocos na China. J Clean Prod 2020;
264: 121742.
[202]. Ganesh AH, Xu B. A review of reinforcement learning based energy
sistemas de gestão para grupos motopropulsores electrificados: progressos, desafios e
solução potencial. Renewable Sustain Energy Rev 2022; 154: 111833.
[203]. Machlev R, Heistrene L, Perl M, et al. Inteligência artificial explicável
(XAI) para sistemas de energia e potência: análise, desafios e
oportunidades. Energy AI 2022; 9: 100169.
[204]. Rangel-Martinez D, Nigam KDP, Ricardez-Sandoval LA. Aprendizagem automática
sobre energia sustentável: uma análise e perspectivas dos sistemas de energia renovável,
catálise, redes inteligentes e armazenamento de energia. Chem Eng Res Des 2021; 174:
414-441.
[205]. Nakabi TA, Toivanen P. Deep reinforcement learning for energy

numa microrrede com procura flexível. Energia Sustentável, Grids Networks 2021; 25: 100413.
[206]. Abedi S, Yoon SW, Kwon S. Controlo do armazenamento de energia em baterias utilizando um abordagem de aprendizagem por reforço com a tecnologia Markov cíclica dependente do tempo processo. Int J Electr Power Energy Syst 2022; 134: 107368.

Capítulo (6)
Técnicas avançadas de armazenamento

6.1. Armazenamento de energia hidro-pneumático
6.1.1. Prefácio

À medida que as tecnologias de energias renováveis intermitentes se desenvolvem e se tornam um pilar crucial da economia energética, os desafios de fazer corresponder a produção de eletricidade à procura dos consumidores e de absorver a intermitência da oferta tornar-se-ão cada vez mais pertinentes, uma vez que os picos de produção não correspondem normalmente aos picos de procura. O armazenamento de energia é considerado uma tecnologia facilitadora quando se trata de enfrentar estes desafios. Desempenhará um papel fundamental no aumento do valor e da utilização dos recursos renováveis para descarbonizar a economia global [1].

De um ponto de vista técnico e económico, um conceito interessante é a integração do armazenamento no lado da produção do sistema energético. Isto tende a simplificar o equipamento de transmissão e conversão e a reduzir as ineficiências. Por exemplo, a combinação da energia eólica offshore com soluções específicas de armazenamento de energia offshore pode criar oportunidades para tecnologias que possam partilhar infra-estruturas comuns, juntamente com determinados procedimentos operacionais e de manutenção. Tal resultaria, por conseguinte, em reduções globais do custo do ciclo de vida.

Ao considerar tais aplicações simbióticas, o armazenamento baseado em fluidos é particularmente relevante, uma vez que elimina os riscos ambientais e de inflamabilidade tipicamente associados às tecnologias de baterias. Afinal de contas, a energia hidroelétrica por bombagem, considerada a forma mais antiga e mais utilizada de tecnologias de armazenamento de energia, é uma solução baseada em fluidos. Várias aplicações na indústria também dependem do armazenamento baseado em fluidos para mitigar a intermitência e permitir que as aplicações de transmissão de energia satisfaçam melhor os requisitos do lado da procura. Quando se olha para o ambiente offshore, que é um segmento crucial do sector das energias renováveis, a utilização de armazenamento à base de fluidos pressurizados já é uma solução tecnológica bem compreendida e já é amplamente utilizada no sector do petróleo e do gás. As cadeias de abastecimento e os princípios de engenharia existentes poderiam ser facilmente adaptados para desenvolver soluções de armazenamento de energia em grande escala que possam ser co-localizadas com infra-estruturas offshore, como turbinas eólicas fixas e flutuantes.

Um dos principais desafios reside no facto de os sistemas convencionais de armazenamento de energia com base em fluidos, como os acumuladores hidráulicos, serem concebidos para armazenar quantidades relativamente pequenas de energia. Embora a sua potencial utilização como dispositivos de armazenamento direto de energia em turbinas eólicas hidráulicas também tenha sido considerada, os sistemas hidráulicos práticos, como, por exemplo, as turbomáquinas hidráulicas, exigem uma pressão de linha relativamente estável para atingir eficiências elevadas. O aumento da escala das tecnologias de acumuladores existentes para permitir um armazenamento significativo de energia renovável representa, por conseguinte, um desafio significativo, uma vez que a pressão aumenta exponencialmente à medida que um acumulador de grandes dimensões se enche. Isto resultaria num circuito de pressão variável que é ineficiente e impraticável.

No entanto, o potencial da tecnologia baseada em fluidos pressurizados como dispositivo de armazenamento de energia eficiente e sustentável deu origem a uma subcategoria de armazenamento de energia mecânica, designada por Armazenamento de Energia Hidro-Pneumático (HPES). Esta categoria pode ser considerada como englobando todos os sistemas em que um líquido incompressível é utilizado como meio para armazenar energia através da compressão de um gás.

6.2. Supercondensadores para armazenamento de energia: Progressos, aplicações e desafios

6.2.1. Prefácio

Atualmente, os sistemas de armazenamento de energia baseados em baterias de iões de lítio, células de combustível (FC) e supercondensadores (SC) estão a desempenhar um papel fundamental em várias aplicações, como a produção de energia, veículos eléctricos, computadores, sistemas domésticos, carregamento sem fios e sistemas de acionamento industrial. Além disso, as baterias de iões de lítio e as FC são superiores em termos de elevada densidade energética (ED) em comparação com as SC. No entanto, a desvantagem que lhes está associada é a baixa densidade de potência (DP). Por outro lado, esta caraterística de elevada DP é essencial para a melhoria do desempenho dinâmico do sistema. Por conseguinte, os SCs são bem utilizados devido às suas caraterísticas dominantes, como a elevada potência específica, a rápida taxa de carregamento-descarregamento e a vida útil superior. Assim, este documento centra-se principalmente nos avanços de vários tipos de SCs, juntamente com os seus métodos de melhoria do desempenho. As propriedades importantes e a seleção dos materiais do elétrodo e do eletrólito são descritas em pormenor. As CS disponíveis comercialmente são enumeradas com muito mais ênfase na sua Figura de Mérito (FOM). Além disso, o papel proeminente dos SCs é destacado no que respeita às aplicações acima mencionadas. Por último, são apresentados os desafios futuros associados às CS. Este documento de revisão fornece informações para os engenheiros de projeto e investigadores, a fim de preencher as lacunas de investigação associadas às CS [1].

6.2.2. Introdução

Os sistemas de armazenamento de energia (ESS) são muito atractivos para melhorar a eficiência energética e para a integração de várias fontes de energia renováveis nos sistemas eléctricos. Ao escolher um dispositivo de armazenamento de energia, os parâmetros mais importantes a considerar são a energia específica, a potência, o tempo de vida, a fiabilidade e a proteção [2]. Por outro lado, as questões críticas de desempenho são o respeito pelo ambiente, a eficiência e a fiabilidade. A maioria das nossas necessidades energéticas é satisfeita pelos combustíveis fósseis, que são extremamente prejudiciais para o ambiente [3]. As fontes de energia renováveis, como a energia solar e eólica, são muito limpas e abundantes. No entanto, é difícil obter uma potência óptima destas fontes de energia devido às condições de funcionamento imprevisíveis. Alguns países dependem da energia hidroelétrica, que necessita de uma grande quantidade de armazenamento de água. No entanto, o enorme armazenamento de água numa barragem provoca a deslocação dos pólos, o que leva à alteração da rotação da Terra [4]. Para ultrapassar estas flutuações na produção de energia e também para satisfazer a procura de energia necessária, é desejável um sistema eficiente de armazenamento de energia [5]. Por conseguinte, os SEE são muito importantes quando se lida com o ambiente imprevisível das fontes de energia renováveis [6, 7].

Existem vários tipos de sistemas de armazenamento de energia baseados em diversos factores, como a natureza, a duração do ciclo de funcionamento, a densidade de potência (PD) e a densidade de energia (ED). Como se pode ver na figura, os SEE podem ser ramificados em electromecânicos, electromagnéticos, electroquímicos e electrostáticos [8]. Os volantes de inércia e o armazenamento de energia por bombagem hidráulica pertencem à classe dos SEE electromecânicos. O armazenamento de energia magnética supercondutora (SMES) pertence aos SEE electromagnéticos. É importante notar que as baterias pertencem à categoria dos electroquímicos. Por outro lado, as células de combustível (FC) e os supercondensadores (SC) pertencem aos SEE químicos e electrostáticos. Os condensadores e os indutores apresentam ESSs baseados em ciclos de funcionamento muito curtos (<10 s). Os SCs, os volantes de inércia e os SMESs são ESSs de curta duração (1 seg. até 15 min.). As baterias estão incluídas nos SEE de duração média (5 min a 24 h).

Cada tecnologia ESS tem as suas próprias vantagens e desvantagens. As baterias têm mostrado várias vantagens, como a elevada DE, a baixa auto-descarga e o reduzido custo de instalação. No entanto, os principais inconvenientes são a estreita gama de temperaturas de funcionamento, a baixa DP e a degradação do tempo de vida devido a grandes impulsos de potência. Os volantes de inércia apresentam vantagens como uma elevada DE, um menor efeito de envelhecimento e uma vasta gama de temperaturas de funcionamento. Os seus inconvenientes são a elevada auto-descarga e o aumento do custo de instalação. Por outro lado, os SCs têm vantagens potenciais, tais como elevada DP, menor peso, eficiência estável em toda a gama de funcionamento e envelhecimento independente do ciclo de funcionamento [9]. As principais desvantagens são a menor DE, o custo elevado, a necessidade de circuitos de equilíbrio de tensão, a grande variação de tensão e a necessidade de conversor de potência. No entanto, em comparação com todas as outras tecnologias, as SCs podem apresentar um desempenho superior no caso de aplicações específicas que exijam alta potência, baixa energia e grandes ciclos de carga/descarga [10].

O desempenho dos SCs depende muito do processo de armazenamento de carga e também dos materiais utilizados para o eletrólito e o elétrodo. Uma vez que os recursos de armazenamento de energia não são suficientes para um grande armazenamento, a investigação atual centra-se estritamente no desenvolvimento de ESSs de alta densidade e densidade PD. Devido à menor necessidade de tempo de carregamento, os SCs são amplamente utilizados em várias aplicações baseadas em energias renováveis [11]. As SCs podem ser classificadas como [12]:

- condensador eletroquímico de dupla camada (EDLC),

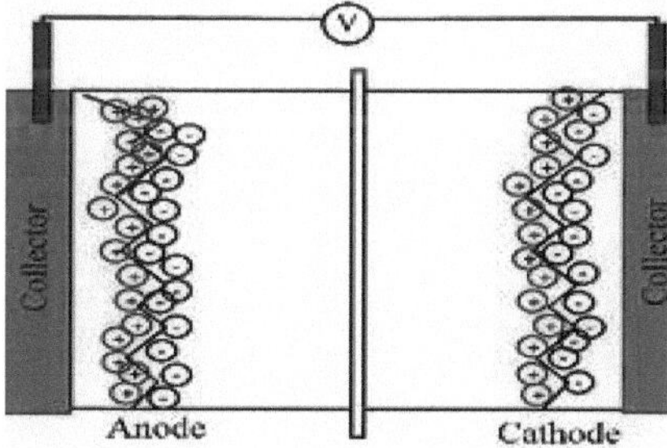

- pseudocapacitor (PC)

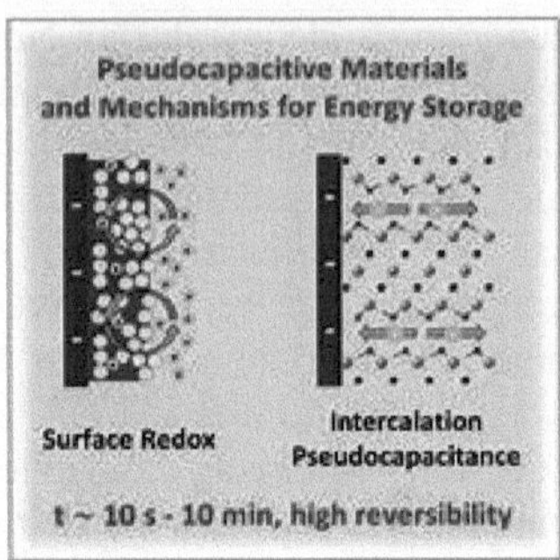

- e supercondensador híbrido (HSC).
-

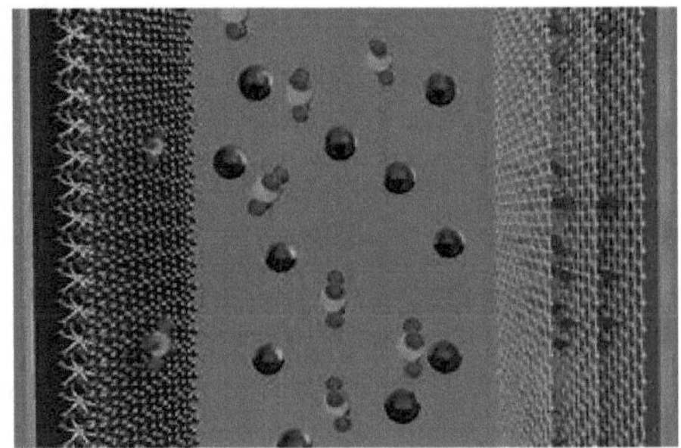

-

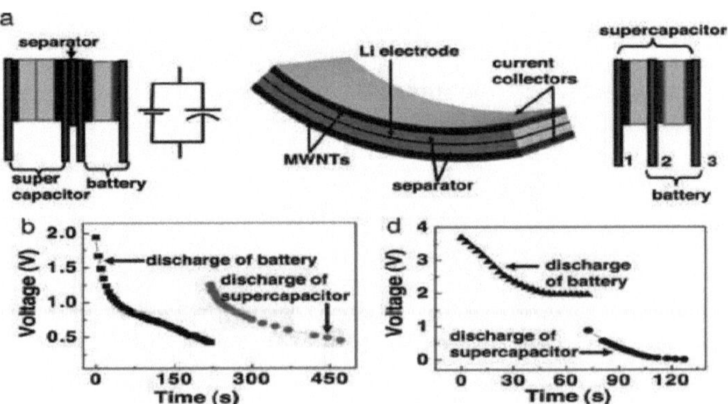

Com os avanços tecnológicos dos electrólitos, do coletor de corrente, da grande área de superfície específica dos eléctrodos (SSA) e dos separadores dieléctricos finos, as SCs são capazes de apresentar um aumento da capacidade de 10 000 vezes em comparação com os condensadores convencionais [13]. A tabela apresenta a comparação do desempenho das baterias, das CS e dos condensadores convencionais em termos de tensão de funcionamento, eficiência de carga/descarga, temperatura de funcionamento, ciclo de vida, tempos de carga/descarga, peso e carga de impulsos com capacidade de repouso [14]. As SCs ganharam muito mais atenção devido à sua elevada potência específica, taxa de carga/descarga rápida e vida útil superior. Verificou-se que a SSA alargada dos SC é 10 000 vezes superior à dos condensadores convencionais [15]. Os SC podem armazenar carga entre 100 F e 1000 F, em comparação com os condensadores convencionais, o que torna a gama de micro a mili-Farads, possuindo cada dispositivo uma baixa ESR e uma elevada potência específica. Estes dispositivos oferecem um desempenho superior a baixas temperaturas, em comparação com as pilhas e os condensadores convencionais. Os SCs podem ser tratados como uma opção flexível de armazenamento de energia devido a várias ordens de energia específica e PD em comparação com as baterias [16]. Além disso, os CS podem ultrapassar as limitações associadas às baterias, tais como as taxas de carga/descarga, o ciclo de vida e as intolerâncias ao frio. A degradação acelerada das baterias pode ser causada por padrões de carregamento e descarregamento, como a utilização repetida de toda a capacidade de uma bateria ou o carregamento rápido repetido. A figura mostra o gráfico de Ragone que destaca a DP e a DE dos condensadores convencionais, FCs, baterias, SCs e condensadores de iões de lítio (LICs) [17].

Devido à elevada DP e à capacidade de carregamento-descarregamento rápido, as SCs são preferidas em muitas aplicações que necessitam de absorver ou libertar uma enorme quantidade de energia num período de tempo muito curto. As SC são principalmente utilizadas em aplicações automóveis, como os veículos eléctricos a bateria (BEV), os veículos eléctricos híbridos (HEV) e os veículos eléctricos FC (FCEV). Em 1996, a Rússia desenvolveu os automóveis eléctricos baseados em SC. A presença de SCs pode aumentar o tempo de vida e reduzir o tamanho da pilha de baterias ou FC. Outras aplicações importantes são as cópias de segurança de memória volátil em computadores pessoais, as fontes de alimentação ininterrupta (UPS), as aparafusadoras portáteis, os flashes de câmaras fotográficas e também as instalações de produção de energia renovável. As SC podem apresentar-se como uma fonte de energia única ou em combinação com as FC ou as baterias, ou ambas. No entanto, os baixos DE das SCs limitam a sua utilização como dispositivos autónomos. As diferentes formas de aumentar a DE das SCs consistem em aumentar a capacitância ou a tensão da célula. Isto pode ser possível com o desenvolvimento de novos materiais para eléctrodos e electrólitos, bem como de estruturas integradas como as HSC ou as LIC [18]. Os novos materiais dos eléctrodos podem aumentar a capacitância, ao passo que os materiais dos electrólitos permitem amplas janelas de potencial. A hibridação de vários ESSs pode aumentar o tempo de vida e o desempenho global do sistema [19, 20].

6.2.3. Tendências futuras

A figura destaca as tendências e os desafios futuros correspondentes às SC. Isto inclui os novos materiais de eléctrodos e electrólitos, a melhoria da densidade energética, os desequilíbrios de tensão das células, os aspectos de modelização das CS e as normas industriais de enquadramento.

6.3. Tecnologias de armazenamento subterrâneo de energia em grande escala

6.3.1. Prefácio

Espera-se que a crescente integração das energias renováveis na rede eléctrica contribua consideravelmente para os objectivos da União Europeia de redução das emissões de energia e de gases com efeito de estufa. No entanto, traz também novos desafios para a rede. O armazenamento de energia em grande escala pode proporcionar meios para uma melhor integração das fontes de energia renováveis, equilibrando a oferta e a procura, aumentando a segurança energética, promovendo uma melhor gestão da rede e permitindo também a convergência para uma economia de baixo carbono.

Uma forma de assegurar o armazenamento de energia em grande escala é utilizar a capacidade de armazenamento dos reservatórios subterrâneos, uma vez que as formações geológicas têm potencial para armazenar grandes volumes de fluidos com um impacto mínimo no ambiente e na sociedade. Existem várias tecnologias que podem ser opções viáveis para o armazenamento subterrâneo de energia, bem como vários tipos de reservatórios subterrâneos que podem ser considerados.

As tecnologias de armazenamento subterrâneo de energia para integração de energias renováveis abordadas neste artigo são: Armazenamento de Energia por Ar Comprimido (CAES); Armazenamento Hidroelétrico Subterrâneo por Bombeamento (UPHS);

Armazenamento Subterrâneo de Energia Térmica (UTES); Armazenamento Subterrâneo de Gás (UGS) e Armazenamento Subterrâneo de Hidrogénio (UHS), ambos ligados a sistemas Power-to-gas (P2G). Para estes diferentes tipos de tecnologias de armazenamento subterrâneo de energia, existem vários reservatórios geológicos adequados, nomeadamente: reservatórios de hidrocarbonetos esgotados, aquíferos porosos, formações salinas, cavernas rochosas artificiais em rochas hospedeiras e minas abandonadas.

A cada um destes tipos de reservatórios e tecnologias aplicam-se critérios específicos de seleção do local, que determinam a viabilidade do próprio reservatório e da tecnologia para esse local. Este documento apresenta uma revisão dos critérios aplicados para identificar os pares tecnologia-reservatório adequados.

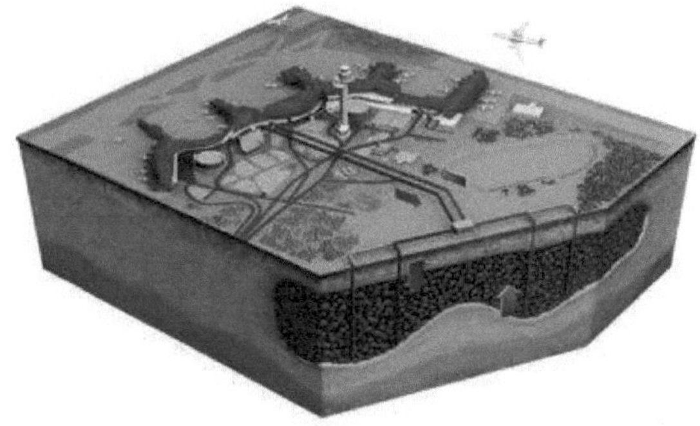

6.3.2. Introdução

A fim de atenuar os efeitos das alterações climáticas, o objetivo do Acordo de Paris para o ano de 2050 prevê um sistema energético com emissões líquidas nulas [22]. A União Europeia também definiu a estratégia 2030 para as alterações climáticas e a energia, que estabelece como objectivos uma redução de 40% das emissões de gases com efeito de estufa em relação a 1990, um aumento de 27% da utilização de energias renováveis e uma melhoria de 27% da eficiência energética [23].

O crescimento da produção distribuída em geral e a crescente implantação de tecnologias de produção de eletricidade renovável variável/intermitente no sistema elétrico urbano, em particular, está a mudar a forma como os sistemas de eletricidade têm de ser operados e geridos no futuro.

Para além das utilidades centralizadas (redes de produção, transmissão e distribuição em grande escala), existem hoje em dia também recursos energéticos descentralizados ou distribuídos [24, 25].

O armazenamento a longo prazo de fluidos em formações subterrâneas tem sido realizado rotineiramente pela indústria de hidrocarbonetos há várias décadas, com água de formação de baixa qualidade produzida com petróleo a ser reinjectada em formações salinas para minimizar os impactos ambientais, ou em técnicas de injeção de gás ácido para reduzir a remoção de H2S e CO2 do gás natural. Para além disso, as tecnologias de armazenamento subterrâneo de energia tentam replicar o processo de armazenamento de hidrocarbonetos na natureza [26, 27].

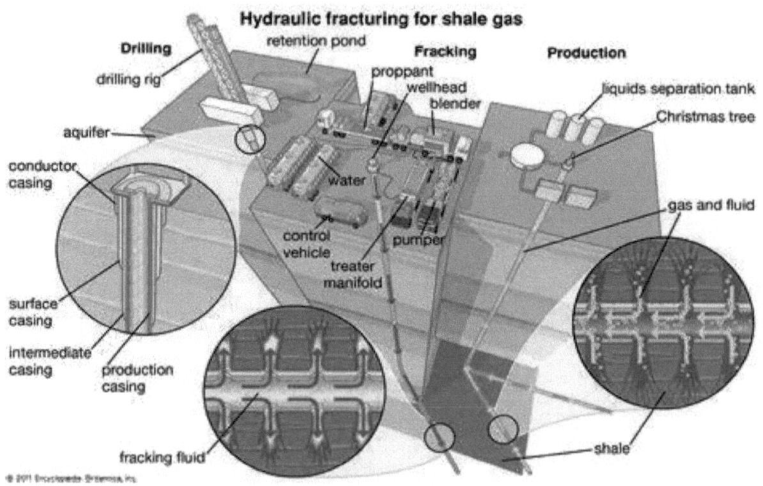

6.3.3. Critérios de seleção de locais para reservatórios subterrâneos

Tem sido feito um trabalho considerável na caraterização das formações subterrâneas que são adequadas como reservatórios para várias actividades relacionadas com a energia. A produção de hidrocarbonetos é uma fonte inestimável de informação para campos esgotados, mas o armazenamento subterrâneo convencional de gás natural, a produção de energia geotérmica, o armazenamento geológico de CO2 e a eliminação de resíduos nucleares também produziram uma vasta gama de dados e experiência para o processo de seleção do local [28].

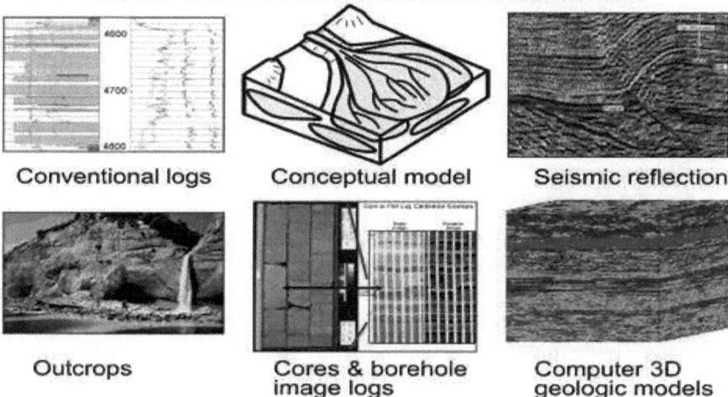

6.3.4. Opinião

As tecnologias de armazenamento encontram-se atualmente em diferentes estádios de desenvolvimento e apresentam uma vasta gama de níveis de preparação tecnológica (TRL), desde tecnologias maduras com ampla implementação até apenas desenhos conceptuais (Figura) [29].

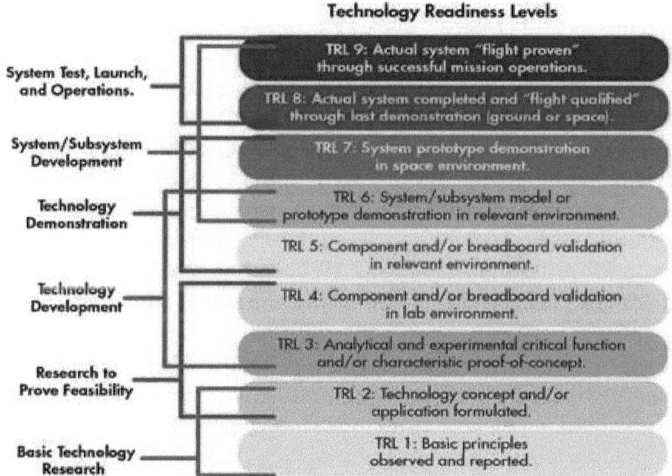

Assim, como se pode ver na Figura, a tecnologia com um TRL mais elevado é a UGS, sendo a tecnologia mais madura e amplamente implementada em muitos locais do mundo, como a Europa, os EUA ou o Canadá, utilizando cavernas salinas, aquíferos e armadilhas e campos de hidrocarbonetos esgotados [30].

6.4. Desafios e perspectivas futuras das baterias de iões de sódio e potássio para o armazenamento de energia à escala da rede

6.4.1. Introdução

O nosso consumo global de energia, cada vez maior, tem impulsionado o desenvolvimento de tecnologias de energias renováveis para reduzir as emissões de gases com efeito de estufa e a poluição ambiental [31]. O armazenamento de energia é considerado uma necessidade urgente para garantir o fornecimento de eletricidade, a fim de evitar o desperdício de energia e preços elevados em períodos de grande procura. Especificamente, os sistemas de armazenamento de energia em grande escala têm a capacidade de armazenar energia proveniente de fontes intermitentes e variáveis, o que é suscetível de transformar a rede eléctrica num sistema flexível e adaptável. Nas últimas décadas, foram dedicados numerosos estudos às tecnologias de armazenamento de energia eléctrica (EES), tais como o armazenamento hidroelétrico por bombagem (PHS), as baterias, o armazenamento de energia por volante de inércia, os super-capacitores, etc. [32]. Os actuais sistemas de armazenamento de energia à escala da rede consistiam principalmente em armazenamento de energia por ar comprimido (CAES), energia hidroelétrica bombeada, volantes de inércia, baterias avançadas de chumbo-ácido, baterias de NaS, baterias de iões de lítio, baterias de fluxo, armazenamento de energia magnética supercondutora (SMES), condensadores electroquímicos e armazenamento de energia termoquímica. Como tecnologia desenvolvida e madura, a CAES poderia oferecer uma gestão fiável do armazenamento de energia. No entanto, as limitações geográficas continuam a impedir a sua ampla aplicação. As rodas volantes enfrentam grandes desafios devido às limitações de resistência à tração do rotor e ao tempo limitado de armazenamento de energia. As baterias de chumbo-ácido são também uma tecnologia de baterias madura, no entanto, a natureza tóxica para o ambiente, o ciclo de vida limitado e a baixa densidade energética continuam a impedir as suas futuras aplicações. As baterias de NaS podem fornecer uma elevada densidade energética e um ciclo de vida longo, mas a temperatura de funcionamento geralmente necessária situa-se entre 300 °C e 350 °C. O maior desafio das baterias de fluxo e das SMES continua a ser a baixa densidade energética. Embora os condensadores electroquímicos possam proporcionar ciclos de vida longos e o armazenamento termoquímico de energia possa apresentar densidades de energia elevadas, ambos têm custos relativamente elevados, o que os torna inadequados para o atual armazenamento de energia à escala da rede [33]. De acordo com a base de dados global de armazenamento de energia do Departamento de Energia dos EUA (DOE), o atual armazenamento de energia à escala da rede tem sido conseguido principalmente com PHS, apesar do seu elevado custo de instalação e dos seus requisitos geográficos específicos, uma vez que cada central eléctrica PHS depende muito das caraterísticas do local [34]. Nos últimos anos, as baterias, como dispositivos electroquímicos de armazenamento de energia de alta energia, têm-se revelado muito promissoras para permitir a utilização máxima de fontes intermitentes de energia renovável, como a solar e a eólica. O armazenamento de energia renovável em baterias recarregáveis em grande escala permite que a energia seja utilizada de forma muito mais eficiente, ou seja, o escoamento em períodos de pico de procura e o armazenamento em períodos de baixa procura. Além disso, as baterias respondem geralmente mais depressa do que a maioria dos outros dispositivos de armazenamento de energia e podem ser instaladas numa série de áreas para várias utilizações [35].

Graças às grandes contribuições dos laureados com o Prémio Nobel de 2019 (John B. Good-enough, M. Stanley Whittingham, Akira Yoshino) no domínio da química e de todos os outros cientistas do domínio das baterias, as baterias de iões de lítio (LIB) foram comercializadas no início da década de 1990 e são atualmente amplamente utilizadas em aplicações que vão desde dispositivos portáteis, como telemóveis ou computadores portáteis, a veículos elétricos [36]. No entanto, com a crescente escassez de minerais de lítio e a sua distribuição desigual em todo o mundo, é pouco provável que as LIBs satisfaçam a necessidade de instalações de armazenamento de energia à escala da rede a longo prazo. Em alternativa, os novos produtos químicos baseados no sódio e no potássio como portadores de carga têm suscitado grande interesse devido aos seus recursos abundantes na crosta terrestre (2,3 % em peso para o sódio e 1,5 % em peso para o potássio). Embora os estudos sobre as baterias de iões de sódio (SIB) e as baterias de iões de potássio (PIB) se tenham tornado rapidamente muito actuais, como evidenciado pelo aumento acentuado do número de artigos de investigação, ainda há falta de células com desempenho eletroquímico suficiente para as tornar comercialmente viáveis [37]. O principal desafio técnico associado aos SIBs e PIBs é a sua inferior reversibilidade devido à instabilidade dos materiais dos eléctrodos durante a ciclagem eletroquímica e às reacções laterais incontroláveis que ocorrem na interface elétrodo/eletrólito [38]. Nos últimos anos, os investigadores encontraram provas sólidas de que a perda de capacidade e a fraca estabilidade cíclica dos SIB e PIB são atribuíveis à sua inferior reversibilidade, decorrente da instabilidade dos materiais do elétrodo durante o ciclo eletroquímico e das reacções laterais incontroláveis que ocorrem na interface elétrodo/eletrólito. A formação da camada de interfase sólido-eletrólito (SEI) em vários sistemas eletrólito/electrodo também continua a ser um mistério para os investigadores de baterias. Mais importante ainda, o processo dinâmico de formação e a composição química/distribuição da SEI são os factores-chave que controlam a mobilidade dos iões e mantêm a estabilidade do eletrólito/eléctrodos, tendo assim um impacto adicional no desempenho eletroquímico das células [39].

Esta perspetiva fornece uma visão geral das vantagens e desafios dos SIBs e PIBs quando confrontados com aplicações reais em aplicações à escala da rede. Especificamente, realizámos uma comparação de análise de custos entre LIBs e SIBs/PIBs centrada nos materiais dos eléctrodos, nos colectores de corrente e no eletrólito. Também comparamos o seu desempenho eletroquímico, como a densidade de energia, a difusividade iónica em sólidos/electrólitos/interfases, a vida útil e a segurança dos seus eléctrodos, electrólitos, interfases elétrodo/eletrólito e ânodos metálicos. Esperamos que esta comparação ofereça uma imagem clara dos três sistemas de armazenamento de energia relativamente aos seus prós e contras para aplicações em grande escala. Esperamos que esta perspetiva oportuna possa inspirar os investigadores no terreno a procurar uma compreensão profunda dos princípios fundamentais para alcançar SIBs e PIBs de elevado desempenho e orientar a futura conceção de materiais de eléctrodos/electrólitos [40].

6.5. Adequação do armazenamento de energia com células de óxido sólido reversíveis para aplicações em microrredes

6.5.1. Prefácio

As células reversíveis de óxido sólido (rSOC) oferecem a perspetiva de armazenamento a longo prazo de energia a granel utilizando hidrogénio ou metano como combustível. A tecnologia de óxido sólido, embora menos madura do que a tecnologia alcalina e PEM, oferece uma eficiência de conversão superior - especialmente para a eletrólise. Além disso, a possibilidade de utilizar as células de forma reversível significa que não são necessários componentes separados de "energia para gás" e "gás para energia", o que reduz potencialmente os custos [41]. Neste trabalho, consideramos a adequação do armazenamento de energia utilizando rSOCs e/ou armazenamento em baterias para uma microrrede constituída por casas equipadas com produção solar fotovoltaica. É desenvolvido um modelo de simulação baseado em agentes para avaliar o desempenho de uma tal micro-rede. O modelo permite quantificar a autossuficiência da microrrede e, por conseguinte, as possíveis poupanças de custos através da não importação de energia da rede. O dimensionamento dos componentes da microrrede é optimizado para determinar a conceção mais rentável capaz de atingir um determinado rácio de autossuficiência. São considerados estudos de caso em Inglaterra e no Texas. Inicialmente, os projectos são considerados apenas com armazenamento de energia a hidrogénio; posteriormente, é considerado o armazenamento híbrido de energia, com uma bateria à escala da comunidade a trabalhar em conjunto com o rSOC. Os resultados sugerem que os períodos de retorno do investimento para os sistemas rSOC puros tendem a ser desfavoráveis [42]. No entanto, se os preços caírem para os níveis previstos na literatura, um sistema concebido para atingir 50% de independência da rede poderá recuperar os seus custos de investimento no prazo de 20 anos. Os sistemas concebidos para o Texas precisam de relativamente menos armazenamento, devido ao bom recurso solar durante todo o ano; como tal, o tempo de retorno do investimento no Texas é superior ao do Reino Unido. Verifica-se que o armazenamento híbrido com bateria + rSOC é preferível aos sistemas só com bateria quando (i):

- é necessário um SSR elevado e
- não é possível um grande excesso de capacidade de produção fotovoltaica.

6.5.2. Introdução

Para atenuar a ameaça das alterações climáticas, é urgentemente necessário que os sistemas energéticos de todo o mundo se afastem dos combustíveis fósseis intensivos em carbono, dos quais dependeram largamente no passado. A produção de eletricidade a partir de fontes renováveis (eólica, solar, hidroelétrica, biomassa) tem potencial para substituir a produção a partir de combustíveis fósseis. Contudo, as energias eólica e solar, em particular, sofrem do problema da intermitência [43], o que significa que a oferta disponível de eletricidade pode não corresponder à procura. Assim, as tecnologias de armazenamento de energia podem ter um papel cada vez mais importante a desempenhar nos futuros sistemas energéticos, armazenando energia renovável quando esta está disponível, para consumo quando é necessária.

Das tecnologias de armazenamento de energia existentes, a maioria não está adaptada para armazenar energia durante períodos de tempo suficientes, ou em quantidade suficiente, para compensar as flutuações da produção renovável para além de uma escala temporal de horas ou dias. Em contrapartida, a conversão de energia em gás ("P2G"), que consiste na utilização de eletricidade para sintetizar um combustível gasoso, como o hidrogénio ou o metano, tem potencial para proporcionar um armazenamento de semanas ou meses, permitindo uma maior dependência das energias renováveis por parte do sistema energético no seu conjunto. Normalmente, isto seria conseguido através da separação da água com um eletrolisador para produzir hidrogénio gasoso, que pode ser armazenado e subsequentemente convertido em energia utilizando uma célula de combustível ou um motor de combustão interna. As principais dificuldades para esta forma de armazenamento de energia são o elevado custo e a baixa eficiência de ida e volta.

As células de óxido sólido (SOC), embora menos maduras tecnologicamente do que as células alcalinas ou PEM mais prevalecentes, oferecem potencialmente eficiências superiores de conversão de energia, tanto como electrolisadores ("P2G") como como células de combustível ("G2P"). As SOC utilizam electrólitos cerâmicos e funcionam a altas temperaturas (600 - 1000 °C) [5, 6]. Estas elevadas temperaturas de funcionamento estão associadas a algumas das principais vantagens da tecnologia SOC: maior eficiência, tolerância às impurezas do combustível [44], materiais de elétrodo abundantes [45] e possibilidades de aplicações de produção combinada de calor e eletricidade (CHP) [46]. Ao mesmo tempo, a elevada temperatura de funcionamento é também responsável por longos períodos de arranque [42], dificuldades de emparelhamento com uma carga dinâmica [6], equipamento complexo e dispendioso de balanço da instalação (BoP) [50] e rápida degradação dos materiais das células [45]. É possível que uma SOC funcione de forma reversível, com um único dispositivo capaz de funcionar alternadamente como célula de combustível e eletrolisador [101]; neste caso, é designada "célula de óxido sólido reversível" ou rSOC.

O funcionamento de uma SOC como célula de combustível ("SOFC") e como eletrolisador ("SOEC") é ilustrado na figura. O eletrólito de uma SOC é normalmente condutor de iões de oxigénio com carga negativa. No modo de célula de combustível, as reacções ocorrem do seguinte modo: no elétrodo de oxigénio, o oxigénio é reduzido a O2- e estes aniões migram através do eletrólito para o elétrodo de combustível. No elétrodo de combustível, o combustível é oxidado e combina-se com O2- para formar vapor (ou CO2 no caso de o combustível ser CO). No modo de eletrólise, as reacções são invertidas e os iões e electrões fluem na direção oposta [42].

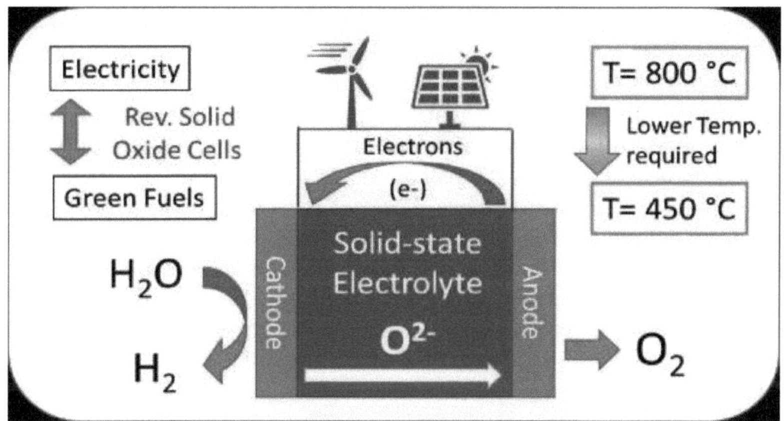

A SOFC é uma tecnologia mais madura do que a SOEC, sofrendo menos problemas de degradação: o Centro de Investigação de Jülich informou que a sua pilha de SOFC funcionou durante 93 000 horas contínuas [52]. No entanto, a SOEC é atraente porque a reação de eletrólise é cada vez mais endotérmica a altas temperaturas [44]. A eletrólise com SOEC é, consequentemente, altamente eficiente, uma vez que a reação recicla o inevitável calor de Joule e pode também utilizar fontes externas de calor a alta temperatura. Em particular, o SOEC é mais eficiente do que os electrolisadores PEM ou alcalinos [45], embora a degradação represente um desafio maior. Existem, no entanto, algumas provas de que a utilização reversível de uma célula (ou seja, como rSOC) pode efetivamente inverter as reacções de degradação e prolongar o seu tempo de vida [46, 47] - mas este aspeto é ainda incerto. O funcionamento reversível pode certamente proporcionar uma poupança nos custos de investimento em comparação com os sistemas com dispositivos separados para P2G e G2P [48-50]. O quadro seguinte apresenta uma panorâmica da comparação entre o SOC e as tecnologias PEM e alcalinas mais maduras.

Embora o armazenamento de energia utilizando rSOC continue a ser uma tecnologia relativamente imatura, nos últimos anos começaram a surgir projectos-piloto de escala significativa. Os projectos de demonstração mais significativos até à data foram realizados utilizando a tecnologia SOC do fabricante alemão Sunfire [51]. O primeiro destes projectos foi uma colaboração entre a Sunfire e a Boeing; este sistema à escala de vários kW, concebido com aplicações de microrredes em mente, foi colocado em funcionamento em 2015, sendo testado nas instalações da Boeing em Huntingdon Beach, no sul da Califórnia. 1920 células em pilhas de 30 poderiam gerar 50 kW em modo de célula de combustível e absorver 120 kW em modo de eletrolisador. O armazenamento de hidrogénio a 250 bar foi dimensionado para ciclos de apenas 12 h, embora pudesse ter sido adicionado mais volume de armazenamento de forma fácil e rápida. O sistema esteve em funcionamento durante 1000 h de ensaio, passando por sete ciclos completos nesse período, e atingiu uma eficiência de eletrólise de cerca de 60%LHV (permitindo a geração de vapor e a compressão de hidrogénio). Em comparação, verificou-se que o modo de célula de combustível tinha uma eficiência de 49%LHV, resultando numa eficiência de ida e volta de cerca de 30%. Não é referido se foi observada alguma degradação ao longo da duração do ensaio.

Um outro ensaio que utiliza a tecnologia Sunfire rSOC é relatado em [52-55]; trata-se do projeto "GrInHy" ou "Green Industrial Hydrogen". A rSOC de 143 kW foi instalada numa siderurgia, onde a disponibilidade imediata de calor residual permitiu evitar o custo energético da produção de vapor. Além disso, o hidrogénio gerado pode ser utilizado pela siderurgia como agente redutor (em vez de coque) e para recozimento. Graças à utilização do calor residual, a eficiência eléctrica de ida e volta pôde aproximar-se dos 40%. O rSOC demonstrou um bom nível de flexibilidade, com a transição entre o modo de espera a quente e a carga a 100% a demorar, respetivamente, 24 e 20 minutos para o funcionamento da eletrólise e da célula de combustível; o funcionamento a carga parcial até 50% e 40%, respetivamente, foi possível sem penalização da eficiência. Foi observada uma degradação da tensão de 0,8% por mil horas no modo de eletrólise. Na prática, era economicamente mais viável utilizar o hidrogénio gerado na aciaria e funcionar em modo de pilha de combustível utilizando CH4, em vez de utilizar o rSOC como um verdadeiro armazenador de energia.

Um terceiro projeto-piloto notável é o REFLEX, um projeto europeu coordenado pelo CEA-Liten, que utiliza rSOCs fabricados pela empresa estónia Elcogen. O projeto está atualmente em desenvolvimento, com um "Smart Energy Hub" a ser construído no Envipark, em Turim, Itália. Este irá incorporar três módulos rSOC para uma capacidade total de eletrólise de 120 kW, com armazenamento de gás hidrogénio comprimido a 200 bar e baterias de iões de lítio para armazenamento a curto prazo. O Smart Energy Hub será instalado em conjunto com a produção solar e hídrica e fornecerá calor e eletricidade. O objetivo declarado é atingir uma eficiência de 90%LHV para a eletrólise e de 50%LHV para o funcionamento das células de combustível. Os ensaios da instalação deverão ter lugar em 2020. Com configurações sofisticadas de balanço da instalação (BoP), pode ser possível melhorar as eficiências observadas nestes ensaios reais - e muito trabalho tem sido feito para modelar o armazenamento de energia rSOC à escala BoP. A gestão térmica da central é a chave para desbloquear uma maior eficiência da RT. Muitas instalações propostas utilizam o armazenamento de energia térmica (TES) para permitir que o calor excedente do modo de célula de combustível forneça calor para a eletrólise; o calor residual da compressão do hidrogénio ou de outras fontes de calor também pode ser utilizado. Por exemplo, a modelização efectuada por Giap et al. [56] concluiu que a utilização de calor residual industrial numa central de rSOC poderia permitir que a eficiência eléctrica da RT atingisse 53,8%; os investigadores consideraram este valor demasiado baixo, recomendando a utilização de TES para aumentar ainda mais a eficiência. Ren et al. [58] modelaram um conceito de armazenamento de energia rSOC em que o combustível e as espécies de escape permaneceriam sempre num recipiente pressurizado, sendo o bronze utilizado como material de mudança de fase para o TES. O sistema, para o qual a duração de armazenamento sugerida era de "curtos períodos de tempo, como horas", foi modelado para atingir uma eficiência de ida e volta de até 64%. Perna et al. [58] modelaram um sistema de armazenamento de energia rSOC de 100 - 200 kW, em que o acoplamento de fontes e sumidouros de calor, juntamente com a utilização de óleo diatérmico para o TES, permitiu que a eficiência de RT modelada atingisse 60%. A central proposta também forneceria água quente, com uma eficiência de cogeração de 91%.

Lototskyy et al. [69] apresentam um novo sistema rSOC concebido para a combinação de refrigeração, aquecimento e produção de energia; seriam utilizados vários leitos de hidreto metálico para armazenar hidrogénio e calor. A sua modelização sugeriu que o sistema, proposto para utilização com energia solar fotovoltaica doméstica, poderia atingir uma eficiência eléctrica de 46,7% e uma eficiência de tri-geração de 70,6%. Akikur et al. [59] propõem uma central solar + rSOC para CHP.

Ullvius e Rokni [60] sugerem uma abordagem bastante diferente para extrair valor adicional de uma central de rSOC: a utilização do calor residual para a dessalinização da água utilizando a destilação por membrana de contacto direto. Um sistema deste tipo foi modelado para ser implantado na costa sul-africana, com a energia solar concentrada a fornecer tanto calor como energia para a eletrólise. A central exportaria 500 kW de energia continuamente e também geraria 8,5 toneladas de água doce por dia.

Giorgio e Desideri propuseram um sistema rSOC que utiliza TES em estreito contacto com a chaminé [41]. Este sistema seria de armazenamento de calor sensível, utilizando um material cerâmico, ou de armazenamento latente, utilizando uma liga metálica eutéctica. O hidrogénio seria armazenado a 108 bar. À semelhança de [42], foram consideradas duas configurações: uma em que o vapor de água seria condensado a partir do gás de escape e outra em que o vapor seria armazenado (eliminando a necessidade de um gerador de vapor). Na primeira configuração, o calor excedente durante o modo SOFC foi transferido para um tambor de vapor em preparação para o modo SOEC.

Há uma quantidade razoável [43-50] de investigação existente sobre as aplicações do armazenamento de energia hidroelétrica para aplicações à escala distribuída, do tipo microrrede. Esta investigação inclui frequentemente a otimização da escolha da tecnologia, o dimensionamento ou o despacho ao longo do tempo, e alguma avaliação da justificação económica para o armazenamento. Os temas comuns incluem preocupações com os custos elevados; a conveniência da hibridação com armazenamento a mais curto prazo; e a extração de valor adicional através de aplicações de nicho, como os veículos movidos a hidrogénio. Estes estudos consideram, na sua esmagadora maioria, a tecnologia PEM ou alka-line e os estudos que avaliam as aplicações dos rSOC são muito menos numerosos. No entanto, Baldinelli et al. [51] propõem um conceito em que as rSOC são hibridizadas com o armazenamento de energia em volantes de inércia para atenuar as flutuações de carga a curto prazo. É proposto um algoritmo de controlo para determinar a carga/descarga dos dois acumuladores de energia, e os componentes do sistema são dimensionados para uma microrrede constituída por várias casas com produção fotovoltaica. O sistema híbrido foi capaz de aumentar moderadamente a autossuficiência da micro-rede (de 52,1% para 58,0%); não foi realizada uma análise económica. Sorrentino et al. [52] apresentam uma microrrede composta por um rSOC e armazenamento de hidrogénio, bem como por um sistema fotovoltaico e uma turbina eólica de eixo vertical, para o fornecimento de energia a um complexo de apartamentos. A utilização de armazenamento adicional de curto prazo foi recomendada, mas não modelizada.

6.6. Referências

[1]. Tagore Yadlapalli, et al. https://doi.org/10.1016/j.est.2022.104194.

[2]. Y. Zou et al.
Período de vida combinado do estado de carga e do estado de saúde dos veículos eléctricos.
J. Power Sources (2015).

[3]. C. Li et al.
Fitas inteligentes de armazenamento síncrono de energia para vestir. Nat.
Comun. (2016).

[4]. T. Wang et al.
Nanofibras de carbono preparadas a partir da pirólise solar de supercapacitores flexíveis.
Cell Rep. Phys. Sci. (2020).

[5]. Ajay Jagadale et al.
Condensadores de iões de lítio (LIC): desenvolvimento dos materiais Armazenamento de energia
Mater (2019).

[6]. R. Kotz et al. Princípios e aplicações dos condensadores electroquímicos
Electrochim. Ata (2000).

[7]. Z. Xing et al. Matriz de ZnO revestida com Ni3S2 para supercapacitores de alto desempenho
J. Power Sources (2014).

[8]. W. Raza et al. Avanços recentes na tecnologia de supercapacitores Nano
Energia (2018).

[9]. Jiří Libich et al. Supercapacitores: propriedades e aplicações. J. Energy

Armazenamento (2018).
[10]. Sha Yi et al.
Os intermediários catiónicos auto-montam condensadores avançados de iões de lítio.
Boletim Científico (2021).
[11]. Xiaohu Zhang et al.
Estudo por espetroscopia de impedância eletroquímica do mecanismo de desvanecimento da capacidade
J. Power Sources (2021).
[12]. Membranas de NCPBE à base de líquido iónico para propriedades de transporte elétrico.
Physica B (2024).
[13]. Materiais bidimensionais baseados em MOF: Preparações e baterias de iões de lítio.
Journal of Energy Chemistry (2024).
[14]. Orientações para os mecanismos electroquímicos de armazenamento de carga dos supercondensadores.
Journal of Energy Storage (2024).
[15]. Uma revisão dos supercapacitores: Materiais, tecnologia, aplicações energéticas.
Journal of Energy Storage (2024).
[16]. Tendências da investigação em electros para supercapacitores flexíveis de elevado desempenho.
Journal of Energy Storage (2024).
[17]. O carbono derivado da biomassa como potencial: Conceção, construção e aplicação.
Journal of Analytical and Applied Pyrolysis (2024).
[18]. F.F.M. Shaikh, R.K. Kamat,
Fundamentos, mecanismos e factores-chave de desempenho Super-capacitores.
Encyclopedia of Energy Storage, Volume 4, 2022, pp. 299-313
[19]. Chandu V.V. Muralee Gopi, ..., Hee-Je KiM,
Progressos recentes da tecnologia avançada: Da conceção e desenvolvimento às aplicações.
Journal of Energy Storage, Volume 27, 2020, Artigo 101035
[20]. Jicheng Fang, ..., Lele Fang,
Investigação sobre o sistema de controlo rápido da potência de super-capacitores. Relatórios sobre energia,
Volume 8, Suplemento 1, 2022, pp. 710-717.
[21]. Renewable and Sustainable Energy Reviews. Volume 42, fevereiro de 2015,
Páginas 460-476

[22]. Catarina R. Matos a b, Júlio F. Carneiro c, Patrícia P. Silva de https://doi.org/10.1016/j.est.2018.11.023.
[23]. E.M.G. Rodrigues et al,
Sistemas de armazenamento de energia que apoiam sistemas isolados com maior penetração.
Energia (2014).
[24]. M. Aneke et al,
Tecnologias de armazenamento de energia e aplicações na vida real - Um estado da arte .
Energia Aplicada (2016).
[25]. M. Gotz et al,
Energia renovável para gás: Uma análise tecnológica e económica.
Energias renováveis (2016).
[26]. M. Sarić et al,
Perspectivas económicas da tecnologia Power-to-Gas na produção de biometano.
Journal of CO_2 Utilization (2017).
[27]. K. Ghaib et al., Power-to-Methane: A state-of-the-art review.
Renewable and Sustainable Energy Reviews (2018).
[28]. A. Ozarslan.
Armazenamento de energia de hidrogénio em grande escala em cavernas salinas.
International Journal of Hydrogen Energy (2012).
[29]. M. Budt et al.
Uma revisão sobre o armazenamento de energia do ar comprimido: Princípios básicos e desenvolvimentos.
Energia Aplicada (2016).
[30]. G. Venkataramani et al,
Uma revisão sobre o armazenamento de energia por ar comprimido - Uma via para a poligeração.
Renewable and Sustainable Energy Reviews (2016).
[31]. A.S. Sidhu et al. Appl. Energy (2018).
[32]. R.S. Go et al. Appl. Energy (2016).
[33]. M. Beaudin. Energy Sustain. Dev. (2010).
[34]. I. Hadjipaschalis et al. Renew. Sustain. Energy Rev. (2009).
[35]. M. Aneke et al. Appl. Energy (2016).
[36]. C.K. Ekman et al. Energy Convers. Manage (2010).
[37]. A. Malhotra. Renovar. Sustain. Energy Rev. (2016).
[38]. N. Nitta. Mater. Today (2015).
[39]. C. Liu et al. Mater. Today (2016).
[40]. M. Li Nat. Rev. Mater. (2020).
[41]. Timothy D. Hutty, Siyuan Dong, Solomon Brown

https://doi.org/10.1016/j.enconman.2020.113499Get direitos e conteúdos

O armazenamento híbrido (hidrogénio + bateria) é preferível à bateria para uma autonomia elevada

suficiência.

[42]. F. Zhang et al., The survey of key technologies in hydrogen energy storage.

Int. J. Hydrogen Energy (2016).

[43]. S.B. Walker et al,

Avaliação comparativa e seleção da alternativa de armazenamento de energia Power-to-Gas.

Int. J. Hydrogen Energy (2016).

[44]. R.K. Akikur et al,

Análise do desempenho de um sistema de co-geração utilizando a tecnologia SOFC.

Energy Convers Manage (2014).

[45]. M. Lototskyy,

Int. J. Hydrogen Energy (2018).

[46]. M.A. Laguna-Bercero,

Avanços recentes nas células de combustível de óxido sólido de eletrólise a alta temperatura: revisão.

J Power Sources (2012).

[47]. B. Zakeri et al,

Sistemas de armazenamento de energia eléctrica: uma análise comparativa dos custos do ciclo de vida

Renew Sustain Energy Rev (2015).

[48]. S.Y. Gómez et al,

Desenvolvimentos actuais em células de combustível de óxido sólido reversíveis.

Renew Sustain Energy Rev (2016).

[49]. V. Venkataraman,

Sistemas reversíveis de óxidos sólidos para energia - revisão e perspectivas químicas.

J. Energy Storage (2019).

[50]. O. Posdziech et al,

Produção eficiente de hidrogénio pela indústria de eletrólise a temperatura eléctrica.

Int. J. Hydrogen Energy (2019).

[51]. P.C. Ghosh et al,

Dez anos de experiência operacional com um sistema de abastecimento à base de hidrogénio.

Sol Energy (2003).

[52]. Funcionamento ótimo da resposta à procura da microrrede eletricidade-hidrogénio DC,
2024, Energia Sustentável, Redes e Grades
[53]. Negociação P2P de calor e eletricidade através de um leilão duplo contínuo. 2024,
Energia aplicada.
[54]. Sistema de célula de óxido sólido reversível com análise técnico-económica. 2024,
Conversão e gestão de energia
[55]. Battolizadores de chumbo-ácido para cozinhar a hidrogénio: África Subsariana. 2024,
Energia para o desenvolvimento sustentável
[56]. Controlo cooperativo térmico - elétrico da otimização da eficiência de sólidos. 2024,
Energia aplicada.
[57]. Moldar o panorama do armazenamento estacionário de energia Células de combustível reversíveis. 2024,
Journal of Energy Storage.
[58]. Arianna Baldinelli, ..., Gianni Bidini.
Journal of Energy Storage, Volume 23, 2019, pp. 202-219.
[59]. Zihang Zhang, ..., Kai Wu.
Journal of Hydrogen Energy, Volume 44, Número 52, 2019, pp. 28305-28315. [60]. Contornando a variabilidade renovável com uma planta reversível de células de óxido sólido.
Applied Energy, Volume 217, 2018, pp. 101-112. Matthias Frank, Detlef Stolten

Capítulo (7)
Aplicações energéticas da nanotecnologia

7.1. Prefácio

À medida que a procura mundial de energia continua a crescer, o desenvolvimento de tecnologias mais eficientes e sustentáveis para gerar e armazenar energia está a tornar-se cada vez mais importante. De acordo com o Dr. Wade Adams da Universidade de Rice, a energia será o problema mais premente que a humanidade enfrentará nos próximos 50 anos e a nanotecnologia tem potencial para resolver esta questão [1]. A nanotecnologia, um domínio relativamente novo da ciência e da engenharia, tem-se mostrado promissora para ter um impacto significativo no sector da energia. A nanotecnologia é definida como qualquer tecnologia que contenha partículas com uma dimensão inferior a 100 nanómetros de comprimento. A título de exemplo, uma única partícula de vírus tem cerca de 100 nanómetros de largura.

As pessoas nos domínios da ciência e da engenharia já começaram a desenvolver formas de utilizar a nanotecnologia para o desenvolvimento de produtos de consumo. Os benefícios já observados na conceção destes produtos são o aumento da eficiência da iluminação e do aquecimento, o aumento da capacidade de armazenamento de eletricidade e a diminuição da quantidade de poluição resultante da utilização de energia. Benefícios como estes tornam o investimento de capital na investigação e desenvolvimento da nanotecnologia uma prioridade máxima.

7.2. Nanomateriais vulgarmente utilizados na energia

Um importante subcampo da nanotecnologia relacionado com a energia é a nanofabricação, o processo de conceção e criação de dispositivos à escala nanométrica. A capacidade de criar dispositivos mais pequenos do que 100 nanómetros abre muitas portas para o desenvolvimento de novas formas de captar, armazenar e transferir energia. As melhorias na precisão das tecnologias de nanofabricação são fundamentais para resolver muitos problemas relacionados com a energia que o mundo enfrenta atualmente.

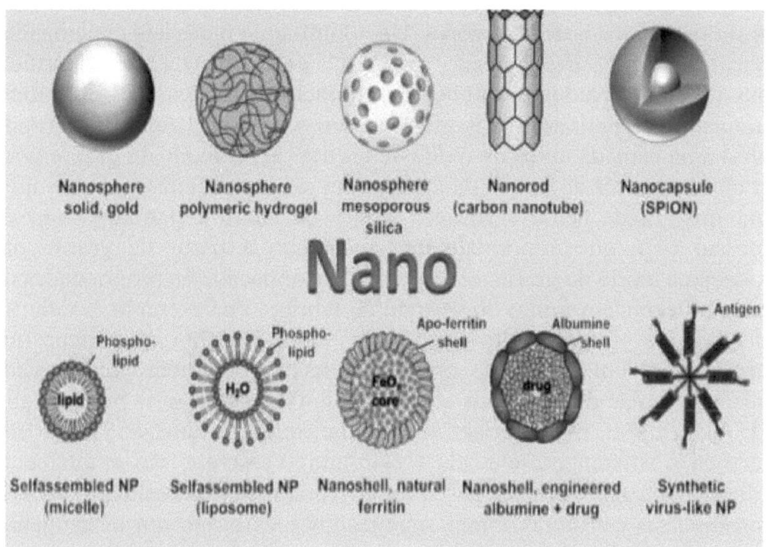

7.3. Materiais à base de grafeno

Existe um enorme interesse na utilização de materiais à base de grafeno para o armazenamento de energia. A investigação sobre a utilização do grafeno para o armazenamento de energia começou muito recentemente, mas a taxa de crescimento da investigação relativa é rápida [2].

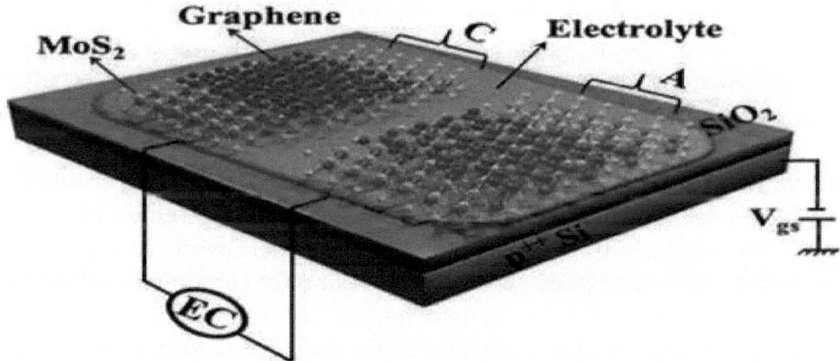

O grafeno surgiu recentemente como um material promissor para o armazenamento de energia devido a várias propriedades, tais como o baixo peso, a inércia química e o baixo preço. O grafeno é um alótropo do carbono que existe como uma folha bidimensional de átomos de carbono organizada numa rede hexagonal. Uma família de materiais relacionados com o grafeno, designados "grafenos" pela comunidade científica, consiste em derivados estruturais ou químicos do grafeno [2]. O grafeno quimicamente derivado mais importante é o óxido de grafeno (definido como uma camada única de óxido de grafite [3]. O óxido de grafite pode ser obtido através da reação da grafite com oxidantes fortes, por exemplo, uma mistura de ácido sulfúrico, nitrato de sódio e permanganato de potássio [4]), que é normalmente preparado a partir da grafite por oxidação a óxido de grafite e consequente esfoliação. As propriedades do grafeno dependem muito do método de fabrico. Por exemplo, a redução do óxido de grafeno a grafeno resulta numa estrutura de grafeno que também tem um átomo de espessura, mas que contém uma elevada concentração de defeitos, tais como nanofuros e defeitos de Stone-Wales [5]. Além disso, os materiais de carbono, que têm uma condutividade eléctrica relativamente elevada e estruturas variáveis, são amplamente utilizados na modificação do enxofre. Compósitos de enxofre-carbono com diversas estruturas foram sintetizados e exibiram um desempenho eletroquímico notavelmente melhor do que o enxofre puro, o que é crucial para a conceção de baterias [6-9]. O grafeno tem um grande potencial na modificação de um cátodo de enxofre para baterias Li-S de alto desempenho, que tem sido amplamente investigado nos últimos anos [2].

7.4. Nano-semicondutores à base de silício

Os nano-semicondutores à base de silício têm a aplicação mais útil na energia solar e também têm sido amplamente estudados em muitos locais, como a Universidade de Quioto. Utilizam nanopartículas de silício para absorver uma maior gama de comprimentos de onda do espetro eletromagnético. Isto pode ser feito colocando muitas barras de silício idênticas e igualmente espaçadas na superfície. Além disso, a altura e o comprimento do espaçamento têm de ser optimizados para se obterem os melhores resultados. Esta disposição das partículas de silício permite que a energia solar seja reabsorvida por muitas partículas diferentes, excitando os electrões e fazendo com que grande parte da energia seja convertida em calor. Depois, o calor pode ser convertido em eletricidade. Investigadores da Universidade de Quioto demonstraram que estes semicondutores à escala nanométrica podem aumentar a eficiência em pelo menos 40%, em comparação com as células solares normais [10].

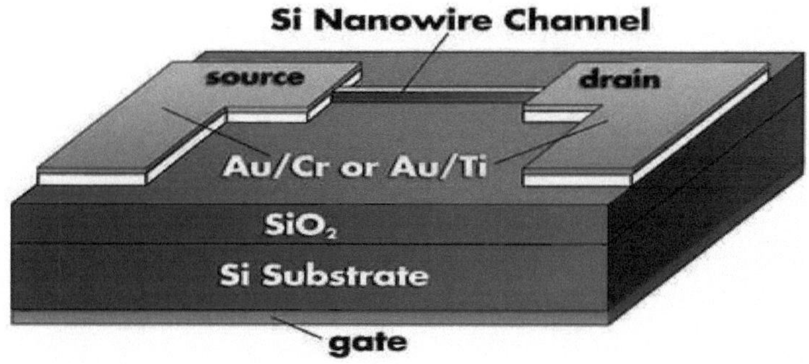

7.5. Materiais à base de nanocelulose

A celulose é o polímero natural mais abundante na Terra. Atualmente, as estruturas mesoporosas à base de nanocelulose, as películas finas flexíveis, as fibras e as redes são desenvolvidas e utilizadas em dispositivos fotovoltaicos (PV), sistemas de armazenamento de energia, captadores mecânicos de energia e componentes de catalisadores. A inclusão de nanocelulose nesses dispositivos relacionados com a energia aumenta em grande medida a percentagem de materiais ecológicos e é muito promissora na abordagem das preocupações ambientais relevantes. Além disso, a celulose manifesta-se como um material de baixo custo e promissor em grande escala [11].

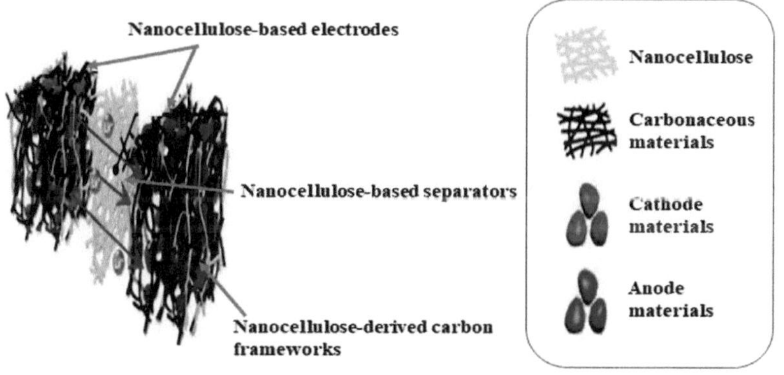

7.6. Nanoestruturas em energia

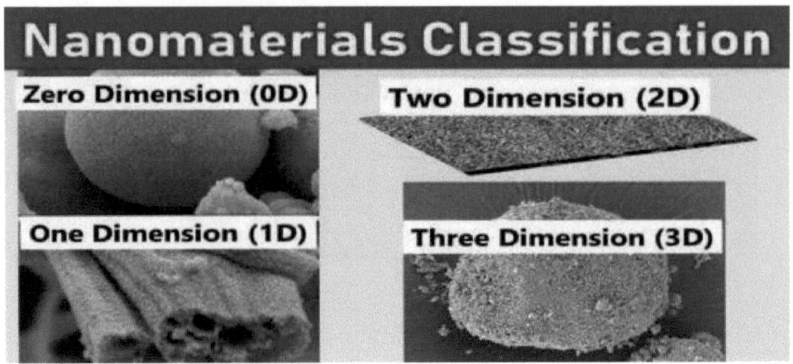

7.6.1. Nanomateriais unidimensionais

As nanoestruturas unidimensionais têm-se mostrado promissoras para aumentar a densidade energética, a segurança e a vida útil dos sistemas de armazenamento de energia, uma área que necessita de melhorias para as baterias de iões de lítio. Estas nanoestruturas são principalmente utilizadas em eléctrodos de baterias devido às suas vias de transporte bi-contínuo de iões e electrões mais curtas, o que resulta num melhor desempenho da bateria [12].

Além disso, as nanoestruturas 1D são capazes de aumentar o armazenamento de carga através de camadas duplas e podem também ser utilizadas em supercapacitores devido aos seus rápidos processos redox de superfície pseudocapacitivos. No futuro, a conceção inovadora e a síntese controlável destes materiais serão desenvolvidas de forma muito mais aprofundada. Os nanomateriais 1D são também amigos do ambiente e económicos [13].

7.6.2. Nanomateriais bidimensionais

A caraterística mais importante dos nanomateriais bidimensionais é o facto de as suas propriedades poderem ser controladas com precisão. Isto significa que os nanomateriais 2D podem ser facilmente modificados e projectados em nanoestruturas. O espaço entre camadas também pode ser manipulado para materiais sem camadas, chamados canais nanofluídicos 2D. Os nanomateriais 2D podem também ser transformados em estruturas porosas para serem utilizados no armazenamento de energia e em aplicações catalíticas, através da aplicação de um transporte fácil de cargas e massas [14].

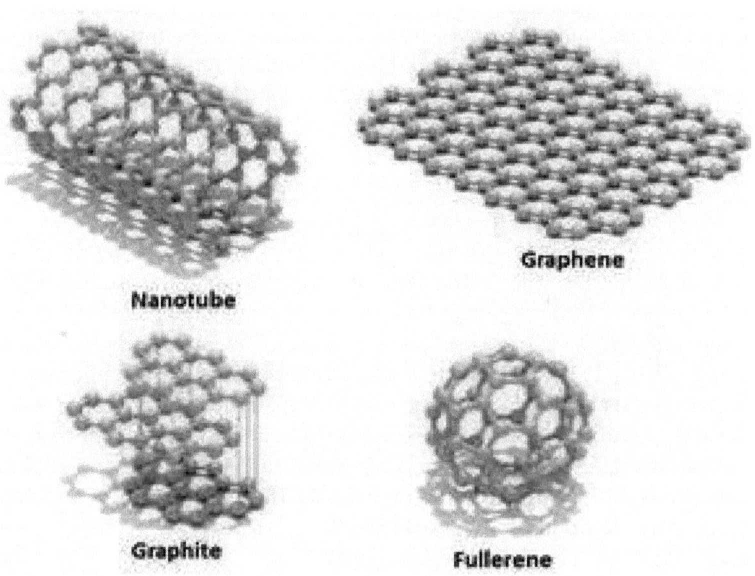

Os nanomateriais 2D também apresentam alguns desafios. A modificação das propriedades dos materiais, tais como a atividade e a estabilidade estrutural, pode ter alguns efeitos secundários que podem ser comprometidos quando estes são manipulados. Por exemplo, a criação de alguns defeitos pode aumentar o número de sítios activos para um maior desempenho catalítico, mas também podem ocorrer reacções secundárias, que podem danificar a estrutura do catalisador. Outro exemplo é que a expansão entre camadas pode reduzir a barreira de difusão iónica na reação catalítica, mas também pode potencialmente reduzir a sua estabilidade estrutural. Por este motivo, existe um compromisso entre desempenho e estabilidade. Uma segunda questão é a consistência dos métodos de conceção. Por exemplo, as heteroestruturas são as principais estruturas do catalisador no espaço entre camadas e nos dispositivos de armazenamento de energia, mas estas estruturas podem não compreender o mecanismo da reação catalítica ou os mecanismos de armazenamento de carga. É necessária uma compreensão mais profunda da conceção de nanomateriais 2D, porque o conhecimento fundamental conduzirá a métodos consistentes e eficientes de conceção destas estruturas. Um terceiro desafio é a aplicação prática destas tecnologias. Existe uma enorme diferença entre as aplicações à escala laboratorial e à escala industrial dos nanomateriais 2D devido à sua instabilidade intrínseca durante o armazenamento e o processamento. Por exemplo, as estruturas porosas de nanomateriais 2D têm baixas densidades de empacotamento, o que torna difícil o seu empacotamento em películas densas. Estão ainda a ser desenvolvidos novos processos para a aplicação destes materiais à escala industrial [14].

7.7. Aplicações

7.7.1. Baterias de alto desempenho à base de lítio-enxofre =

A bateria de iões de lítio é atualmente um dos sistemas electroquímicos de armazenamento de energia mais populares e tem sido amplamente utilizada em áreas que vão da eletrónica portátil aos veículos eléctricos [15, 16]. No entanto, a densidade de energia gravimétrica das baterias de iões de lítio é limitada e inferior à dos combustíveis fósseis. A bateria de enxofre de lítio (Li-S), que tem uma densidade de energia muito maior do que a bateria de iões de lítio, tem atraído a atenção mundial nos últimos anos [17, 18]. Um grupo de investigadores da Fundação Nacional de Ciências Naturais da China (Grant No. 21371176 e 21201173) e da Equipa de Inovação Científica e Tecnológica de Ningbo (Grant No. 2012B82001) desenvolveu uma bateria de lítio-enxofre baseada em nanoestruturas que consiste em estruturas multicamadas de grafeno/enxofre/carbono nano-compostas. A nano-modificação do enxofre pode aumentar a condutividade eléctrica da bateria e melhorar o transporte de electrões no cátodo de enxofre. Um nano-composto de grafeno/enxofre/carbono com uma estrutura multicamada (G/S/C), no qual o enxofre nanosizado é colocado em ambos os lados de folhas de grafeno quimicamente reduzidas e coberto com camadas de carbono amorfo, pode ser concebido e preparado com sucesso. Esta estrutura atinge uma elevada condutividade e proteção superficial do enxofre em simultâneo, dando assim origem a um excelente desempenho de carga/descarga. O compósito G/S/C apresenta caraterísticas promissoras como material catódico de elevado desempenho para baterias de Li-S [19].

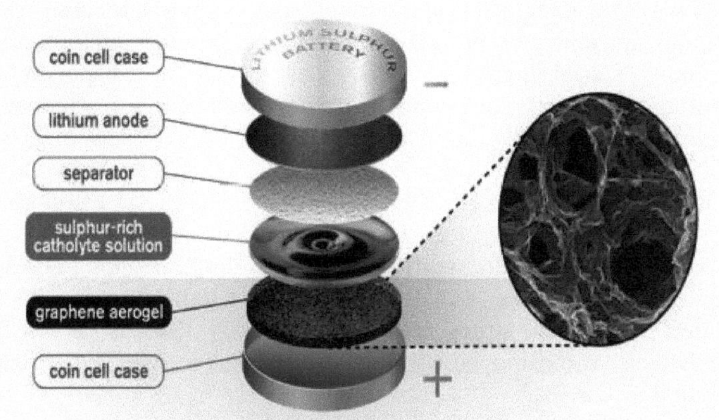

7.7.2. Nanomateriais em células solares

Os nanomateriais artificiais são os principais elementos constitutivos das células solares da atual geração [20]. As melhores células solares actuais têm camadas de vários semicondutores diferentes empilhados para absorver a luz a diferentes energias, mas ainda só conseguem utilizar cerca de 40% da energia do Sol. As células solares disponíveis no mercado têm eficiências muito inferiores (15-20%). A nanoestruturação tem sido utilizada para melhorar a eficiência de tecnologias fotovoltaicas estabelecidas, por exemplo, melhorando a captação de corrente em dispositivos de silício amorfo [21], melhorando a plasmónica em células solares sensibilizadas por corantes [22] e melhorando a captação de luz em silício cristalino [23]. Além disso, a nanotecnologia pode ajudar a aumentar a eficiência da conversão da luz utilizando os bandgaps flexíveis dos nanomateriais [24] ou controlando a directividade e a probabilidade de fuga de fotões dos dispositivos fotovoltaicos [25].

O dióxido de titânio (TiO2) é um dos óxidos metálicos mais investigados para utilização em células fotovoltaicas nas últimas décadas, devido ao seu baixo custo, à sua benignidade ambiental, à abundância de polimorfos, à sua boa estabilidade e às suas excelentes propriedades electrónicas e ópticas [26-30]. No entanto, o seu desempenho é grandemente limitado pelas propriedades dos próprios materiais de TiO2. Uma das limitações é o grande intervalo de banda, o que torna o TiO2 apenas sensível à luz ultravioleta (UV), que ocupa apenas menos de 5% do espetro solar [31]. Recentemente, os nanomateriais estruturados em núcleos de conchas têm atraído uma grande atenção, uma vez que representam a integração de componentes individuais num sistema funcional, apresentando propriedades físicas e químicas melhoradas (por exemplo, estabilidade, não toxicidade, dispersibilidade, multifuncionalidade), que não estão disponíveis nos componentes isolados [32-40]. Para

Em comparação com os nano-materiais de TiO2, esta estrutura core-shell constituiria uma forma promissora de ultrapassar as suas desvantagens, resultando assim em melhores desempenhos [41-43]. Em comparação com o único material TiO2, os compósitos de TiO2 com estrutura core-shell apresentam propriedades ópticas e eléctricas sintonizáveis, e mesmo novas funções, que têm origem nas estruturas core-shell únicas [31].

7.7.3. Aditivos de combustível de nanopartículas

Os nanomateriais podem ser utilizados de várias formas para reduzir o consumo de energia. Os aditivos de combustível de nanopartículas podem também ser muito úteis para reduzir as emissões de carbono e aumentar a eficiência dos combustíveis de combustão. As nanopartículas de óxido de cério demonstraram ser muito boas para catalisar a decomposição de hidrocarbonetos não queimados e outras emissões de pequenas partículas, devido à sua elevada relação área superficial/volume, bem como para baixar a pressão na câmara de combustão dos motores, a fim de aumentar a eficiência do motor e reduzir as emissões de NOx [44]. A adição de nanopartículas de carbono também aumentou com êxito a taxa de combustão e o atraso na ignição do combustível para jactos [45]. Os aditivos de nanopartículas de ferro ao biodiesel e ao gasóleo mostraram também uma diminuição do consumo de combustível e das emissões volumétricas de hidrocarbonetos de 3-6%, de monóxido de carbono de 6-12% e de óxidos de azoto de 4-11% num estudo [46].

7.8. Impactos dos aditivos para combustíveis no ambiente e na saúde

Embora os nanomateriais possam aumentar a eficiência energética do combustível de várias formas, um inconveniente da sua utilização reside no efeito das nanopartículas no ambiente. Com os aditivos de nanopartículas de óxido de cério no combustível, podem ser emitidas quantidades vestigiais destas partículas tóxicas nos gases de escape. Foi demonstrado que os aditivos de óxido de cério no gasóleo causam inflamação pulmonar e aumento do fluido de lavagem alveolar brônquica em ratos [44]. Este facto é preocupante, especialmente em zonas com elevado tráfego rodoviário, onde estas partículas são susceptíveis de se acumular e causar efeitos adversos na saúde. As nanopartículas de ocorrência natural criadas pela combustão incompleta dos combustíveis para motores diesel são também grandes contribuintes para a toxicidade dos fumos de gasóleo. É necessário efetuar mais investigação para determinar se a adição de nanopartículas artificiais aos combustíveis diminui a quantidade líquida de emissões de partículas tóxicas devidas à combustão [44].

7.9. Benefícios económicos

A mudança relativamente recente para a utilização da nanotecnologia no que diz respeito à captação, transferência e armazenamento de energia teve e continuará a ter muitos impactos económicos positivos na sociedade. O controlo dos materiais que a nanotecnologia oferece aos cientistas e engenheiros de produtos de consumo é um dos aspectos mais importantes da nanotecnologia e permite melhorar a eficiência de uma variedade de produtos. A captação e o armazenamento mais eficientes de energia através da utilização da nanotecnologia podem conduzir a uma diminuição dos custos energéticos no futuro, uma vez que os custos de preparação dos nanomateriais se tornam menos dispendiosos com o seu desenvolvimento.

Um dos principais problemas da atual produção de energia é a geração de calor residual como subproduto da combustão. Um exemplo comum desta situação é o motor de combustão interna. O motor de combustão interna perde cerca de 64% da energia da gasolina sob a forma de calor e uma melhoria deste aspeto poderia, por si só, ter um impacto económico significativo [47]. No entanto, a melhoria do motor de combustão interna neste domínio tem-se revelado extremamente difícil sem sacrificar o desempenho. A melhoria da eficiência das células de combustível através da utilização da nanotecnologia parece ser mais plausível, recorrendo a catalisadores molecularmente adaptados, a membranas poliméricas e a um melhor armazenamento do combustível.

Para o funcionamento de uma pilha de combustível, nomeadamente da variante de hidrogénio, é necessário um catalisador de metal nobre (geralmente platina, que é muito cara) para separar os electrões dos protões dos átomos de hidrogénio [48]. No entanto, os catalisadores deste tipo são extremamente sensíveis às reacções do monóxido de carbono. Para combater este fenómeno, são utilizados álcoois ou compostos de hidrocarbonetos para reduzir a concentração de monóxido de carbono no sistema. Utilizando a nanotecnologia, podem ser concebidos catalisadores por nanofabricação que limitam a combustão incompleta e, assim, diminuem a quantidade de monóxido de carbono, melhorando a eficiência do processo.

7.10. Referências

[1]. TEDxHouston 2011 - Wade Adams - Nanotecnologia e Energia, arquivado
em 2021-12-15, recuperado em 2020-04-28

[2]. Pumera, M. (2011). "Nanomateriais à base de grafeno para armazenamento de energia".
Energia e Ciência Ambiental. 4 (3): 668-674.

[3]. Zhu, Yanwu; et al. (2010). "Grafeno e óxido de grafeno: Síntese,
Propriedades e Aplicações". Materiais Avançados. 22 (35): 3906-3924.

[4]. Tjong, Sie Chin (2014-01-01).

Em Tjong, Sie-Chin (ed.). 10 - Síntese e Propriedades Estruturais e Mecânicas
Characteristics of Graphene-Polymer Nanocomposites. Elsevier. pp. 335-
375. Recuperado em 2020-05-04.
[5]. Gómez-Navarro, (2010). "Estrutura Atómica do Óxido de Grafeno Reduzido".
Nano Letters. 10 (4): 1144-1148. ISSN 1530-6984. PMID 20199057.
[6]. Jayaprakash, N.; et al. (2011). "Compósitos porosos ocos de carbono@enxofre
para baterias de lítio-enxofre de alta potência". Angewandte Chemie
Edição internacional. 50 (26): 5904-5908.
[7]. Schuster, Jörg; et al. (2012). "Carbono Mesoporoso Esférico Ordenado
Nanopartículas com elevada porosidade para baterias de lítio-enxofre".
Angewandte Chemie International Edition. 51 (15): 3591-3595.
[8]. Zheng, Guangyuan; et al. (2011). "Nanofibras ocas de carbono encapsuladas
Cátodos de enxofre para lítio recarregável de elevada capacidade específica
Baterias". Nano Letters. 11 (10): 4462-4467.
[9]. Ji, Xiulei; Lee, Kyu Tae; Nazar, Linda F. (junho de 2009).
"Baterias de lítio-enxofre de carbono altamente nanoestruturadas".
Materiais naturais. 8 (6): 500-506.
[10]. How Nanotechnology is boosting Solar energy, arquivado em 2021-12-15,
recuperado em 2020-04-29
[11]. Wang, Xudong; Yao, Chunhua; Wang, Fei; Li, Zhaodong (2017).
"Nanomateriais à base de celulose para aplicações energéticas". Small. 13 (42):
1702240.
[12]. Wei, Qiulong; et al. (2017).
"Nanomateriais unidimensionais porosos: Design, armazenamento de energia".
Materiais Avançados. 29 (20): 1602300.
[13]. Chen, Cheng; et al. (2018-03-21). "Nanomateriais unidimensionais para
armazenamento de energia". Jornal de Física D: Applied Physics. 51 (11): 113002.

[14]. Zhu, Yue; et al. (2018). "Engenharia estrutural de nanomateriais 2D para
Armazenamento de energia e catálise". Materiais Avançados. 30 (15): 1706347.
[15]. Goodenough, John B.; Kim, Youngsik (2010-02-09). "Desafios para
Baterias de Li recarregáveis†". Química dos Materiais. 22 (3): 587-603.
[16]. Bruce, Peter G.; Scrosati, Bruno; Tarascon, Jean-Marie (2008-04-07).
"Nanomateriais para baterias de lítio recarregáveis". Angewandte Chemie
Edição internacional. 47 (16): 2930-2946.
[17]. Bruce, Peter G.; Freunberger, Stefan A.; Hardwick, Laurence J.; Tarascon,
Jean-Marie (2011-12-15). "Baterias de Li-O2 e Li-S com elevada energia
armazenamento". Nature Materials. 11 (1): 19-29.
[18]. Barghamadi, Marzieh; Kapoor, Ajay; Wen, Cuie (2013). "A Review on Li-
S Batteries as a High Efficiency Rechargeable Lithium Battery". Jornal de
da Sociedade Eletroquímica. 160 (8): A1256-A1263.
[19]. Jin, Kangke; Zhou, Xufeng; Liu, Zhaoping (2015-09-01).
"Nanocompósito de grafeno/enxofre/carbono para baterias de lítio-enxofre".
Nanomateriais. 5 (3): 1481-1492.
[20]. Li, Wei; et al. (2018).
"Utilização de energia solar do dióxido de titânio estruturado em núcleos de conchas". Química
Society Reviews. 47 (22): 8203-8237.
[21]. Johlin, Eric; et al. (2016).
"Nanohole Structuring for Improved Amorphous Silicon Photovoltaics" (Estruturação de nanofuros para melhorar a energia fotovoltaica de silício amorfo).
ACS Applied Materials & Interfaces. 8 (24): 15169-15176.
[22]. Sheehan, Stafford W.; et al. (2013).
"Melhoria plasmónica de nanoestruturas solares sensibilizadas por corantes".
The Journal of Physical Chemistry C. 117 (2): 927-934.
[23]. Branham, Matthew S.; et (2015).

"Nanoestruturas cristalinas de Si-Periódicas com 10-µm de espessura e 15,7% de eficiência".
Materiais Avançados. 27 (13): 2182-2188.
[24]. Asim, Nilofar; et al. (2018-01-01),
Bhanvase, Bharat; Paw, "Chapter 8-Novel Nanomaterials for PV Devices",
Nanomaterials for Green Energy, Micro and Nano Technologies, Elsevier,
pp. 227-277.
[25]. Mann, Sander A.; et al. (2016).
"Oportunidades e limitações do limite de Shockley-Queisser".
ACS Nano. 10 (9): 8620-8631.
[26]. Hoffmann, Michael R.; et al. (1995). "Environmental Applications of
Fotocatálise de semicondutores". Chemical Reviews. 95 (1): 69-96.
[27]. Chen, Xiaobo; Mao, Samuel S. (2007). "Nanomateriais de dióxido de titânio:
Síntese, propriedades, modificações e aplicações". Química
Comentários. 107 (7): 2891-2959.
[28]. Liu, Lei; Chen, Xiaobo (2014-06-23). "Nanomateriais de dióxido de titânio:
Modificações auto-estruturais". Chemical Reviews. 114 (19): 9890-9918.
[29]. De Angelis, Filippo; Di Valentin, Cristiana; Fantacci, Simona; Vittadini,
Andrea; Selloni, Annabella (2014-06-13). "Estudos teóricos sobre a anatase
e fases menos comuns do TiO2: Granel, Superfícies e Nanomateriais".
Chemical Reviews. 114 (19): 9708-9753.
[30]. Dahl, Michael; Liu, Yiding; Yin, Yadong (2014-07-11).
"Nanomateriais compostos de dióxido de titânio". Chemica Reviews. 114 (19):
9853-9889.
[31]. bLi, Wei; et al. (2018-11-12).
"Nanomateriais de dióxido de titânio estruturados em forma de concha para utilização solar".
Chemical Society Reviews. 47 (22): 8203-8237.
[32]. Joo, Sang Hoon; et al./ (2008-11-23). "Pt/mesoporoso termicamente estável

nanocatalisadores de sílica com núcleo de casca para reacções a alta temperatura". Natureza
Materiais. 8 (2): 126-131.

[33]. Ghosh Chaudhuri, Rajib; Paria, Santanu (2011-12-28). "Núcleo/Casca
Nanopartículas: Classes, Propriedades, Mecanismos de Síntese, Caracterização,
e Aplicações". Chemical Reviews. 112 (4): 2373-2433.

[34]. Wei, Suying; Wang, Qiang; Zhu, Jiahua; Sun, Luyi; Lin, Hongfei; Guo,
Zhanhu (2011). "Nanopartículas compósitas multifuncionais do tipo core-shell".
Nanoscale. 3 (11): 4474-502.

[35]. Li, Wei; Zhao, Dongyuan (2012-10-15). "Extensão do método de Stöber para
Construção de conchas mesoporosas de SiO2 e TiO2 para uma utilização multifuncional uniforme
Estruturas Core-Shell". Materiais Avançados. 25 (1): 142-149.

[36]. Guerrero-Martínez, Andrés; Pérez-Juste, Jorge; Liz-Marzán, Luis M. (2010-
03-19). "Progressos recentes no revestimento de nanopartículas de sílica e afins
Nanomateriais". Materiais Avançados. 22 (11): 1182-1195.

[37]. Gawande, Manoj B.; et al. (2015). "Nanopartículas de casca de núcleo: síntese e
aplicações em catálise e electrocatálise". Sociedade Química
Comentários. 44 (21): 7540-7590.

[38]. Zhang, Fan; et al. (2012). "Imagem direta do nanocristal de conversão ascendente
Estrutura núcleo/casca ao nível subnanométrico: Espessura da casca
Dependência nas Propriedades Ópticas de Upconverting". Nano Letters. 12 (6):
2852-2858.

[39]. Qian, Xufang; et al. (2011). "Multiwall carbon nanotube@mesoporous
carbono com configuração núcleo-casca: uma estrutura compósita bem concebida
para aplicação em condensadores electroquímicos". Revista de Materiais
Química. 21 (34): 13025.

[40]. Zhang, Qiao; et al. (2012). "Catalisadores nanoestruturados Core-Shell".
Contas da Investigação Química. 46 (8): 1816-1824.
[41]. Liu, Siqi; Zhang, Nan; Xu, Yi-Jun (2013-12-04). "Estruturação Core-Shell
Nanocompósitos para Transformações Orgânicas Selectivas Fotocatalíticas".
Caracterização de Partículas e Sistemas de Partículas. 31 (5): 540-556.
[42]. Rai, Prabhakar; et al. (2015). "Semicondutor de óxido de metal nobre@metal
nano-arquitecturas core@shell como uma nova plataforma para sensores de gás
aplicações". RSC Advances. 5 (93): 76229-76248.
[43]. Li, Guodong; Tang, Zhiyong (2014). "Nanopartículas de metal nobre@metal
nanoestruturas de óxido de azoto com núcleo/casca de gema como catalisadores: progressos recentes e
perspetiva". Nanoscale. 6 (8): 3995-4011.
[44]. "Nanopartículas como aditivos para combustíveis". AZoNano.com. 2012-09-03.
Recuperado em 2020-04-29.
[45]. Ghamari, Mohsen; Ratner, Albert (2017-01-15).
"Caraterísticas de combustão de gotículas coloidais de nanopartículas baseadas".
Fuel. 188: 182-189.
[46]. Debbarma, Sumita; Misra, Rahul Dev (2018-08-01).
Journal of Thermal Science and Engineering Applications. 10 (4).
[47]. "Noções básicas sobre motores de combustão interna". Energy.gov. Recuperado em 2020-04-29.
[48]. Wang, Shuangyin (2008-12-09). "Síntese controlada de Au@Pt dendrítico
para utilização como electrocatalisador eficaz em células de combustível".
Nanotecnologia. 20 (2): 025605.

Capítulo (8)
Conclusões

A partir do estudo e da análise, pode concluir-se que:

Durante a I&D e o aumento de escala de RFBs práticas, são efectuadas várias escolhas de conceção. Essas decisões determinarão o custo, a facilidade de fabrico, a eficiência, o tempo de ciclo e a viabilidade global do sistema de armazenamento eletroquímico de energia. Com base no atual estado da arte e nas novas tendências das RFB à base de Zn, algumas das opções possíveis para a geometria do elétrodo, a configuração da célula de fluxo, a composição do eletrólito, o substrato do elétrodo de zinco e o tipo de reação do elétrodo positivo. Os eléctrodos planos são tradicionalmente utilizados para incentivar a eletrodeposição uniforme de zinco, mas a investigação tem considerado a implementação de eléctrodos 3-D.

Centrando-se nos actuais progressos da tecnologia das SCs e nas suas aplicações. Em primeiro lugar, são apresentadas as caraterísticas significativas dos diferentes tipos de SCs no que diz respeito à seleção do material do elétrodo. Os materiais de elétrodo mais importantes para o fabrico de SCs são, nomeadamente, materiais nanoestruturados à base de carbono, materiais à base de óxidos/hidróxidos de metais de transição, materiais à base de polímeros condutores e materiais à base de nanocompósitos. A conceção de materiais híbridos ou compósitos

Uma apresentação detalhada sobre o modelo de simulação baseado em agentes para uma micro-rede equipada com geração fotovoltaica no telhado e um armazenamento rSOC + H2 que permite o armazenamento de energia a longo prazo. Este modelo foi utilizado para quantificar o nível de independência da rede que um sistema deste tipo poderia atingir, e as consequentes poupanças de custos. Estes benefícios foram comparados com o CAPEX estimado para a micro-rede. Foram considerados dois locais, o sudeste do Reino Unido e o Texas, que apresentam diferenças de escala.

MIX
Papier aus verantwortungsvollen Quellen
Paper from responsible sources
FSC® C105338

Printed by Books on Demand GmbH, Norderstedt / Germany